식물의 섹스

알려지지 않은 성의 세계

이와나미 요조 지음 | 반옥 옮김

전파과학사는 독자 여러분의 책에 관한 아이디어와 원고 투고를 기다리고 있습니다. 전파과학사는 종교(기독교), 경제·경영서, 일반 문학 등 다양한 장르의 국내 저자와 해외 번역서를 준비하고 있습니다. 출간을 고민하고 계신 분들은 이메일 chonpa2@hanmail.net로 간단한 개요와 취지, 연락처 등을 적어 보내주세요.

식물의 섹스

알려지지 않은 성의 세계

–
초판 1쇄 1986년 01월 05일
개정 1쇄 2022년 06월 28일

–
지은이 이와나미 요조
옮긴이 반 옥
발행인 손영일
디자인 장윤진

–
펴낸곳 전파과학사
출판등록 1956. 7. 23 제 10-89호
주   소 서울시 서대문구 증가로18, 204호
전   화 02-333-8877(8855)
팩   스 02-334-8092
이메일 chonpa2@hanmail.net
홈페이지 www.s-wave.co.kr
공식 블로그 http://blog.naver.com/siencia

ISBN 978-89-7044-701-8(03480)

식물의 섹스

알려지지 않은 성의 세계

이와나미 요조 지음 | 반옥 옮김

전파과학사

사람의 일생이 한 권의 책으로 인해 좌우되었다는 이야기는 그리 드문 일이 아니지만 필자가 지금까지 가장 큰 영향을 받은 책이라고 한다면 뭐라 해도 고바야시 씨의 저서 『모차르트』이다. 학생 시절, 아침저녁으로 한 시간 반씩 걸리는 통학시간의 거의 절반을 이 책과 함께 보냈다. 짙은 빨간 표지의 100페이지도 안 되는 예쁘장한 책이었다. 그 책은 산골짜기에서 갓 나온 말재간이 없고 글쓰기를 싫어하는 필자에게 문장으로 표현하는 일의 훌륭함을 가르쳐 주었다.

음표가 잔뜩 들어 있는 그 책의 내용에 대해서는 「모차르트는 천재였다」는 것밖에는 거의 기억이 없지만 고바야시 씨의 똑똑하고 경쾌한 문체가 어느 사이에 필자에게 배어들었다. 그 후 필자는 필자가 쓰는 글이 필자의 것이 아니라는 것을 깨닫고는 몇 차례나 펜을 내던진 적도 있었다. 그로부터 20년이 지난 오늘에 이르러서도 「또 그 책을 흉내 내고 있구나」 하는 기분이 들어서 고쳐 쓰고는 하는 것이다.

어째서 그토록 『모차르트』의 영향을 받았는가에 대해서는 필자도 잘 모르겠다. 이유는 어찌 되었건 그 책에 포로가 된 것은 틀림없다. 지금은 모차르트의 책을 필자 곁에 놓아두지는 않지만 그렇다고 억지로 찾아내어 읽으려고 까지는 생각하지 않는다. 나이를 먹고 나서 옛 추억을 간직한 사람에게 굳이 이쪽에서 만나자고 청하고 싶지 않은 기분과도 같다.

대체로 문장을 활자화해서 사람들 앞에 내놓을 바에야 읽는 사람들의 마음속에 무언가를 남겨 놓아야 한다…라고 생각하면서 늘 글을 쓰기 시작하지만 지금까지 한 번도 그럴듯한 글을 쓴 적이 없다. 사람들의 마음속에 남을 책을 쓴다는 것은 마침내 잠꼬대 같은 소리에 지나지 않는 것이다.

어쩐지 필자가 쓰는 책의 미흡함을 정당화하기 위하여 머리말을 쓰는 꼴이 되어 버렸지만 필자는 재작년에도 이 블루백스 시리즈에서 『광합성의 세계』를 발간했다. 광합성은 필자의 전공이 아닌 분야의 이야기이기에 천신만고 끝에 겨우 완성할 수 있었다. 그러나 광합성의 경우에는 어려운 부분은 마음대로 잘라 버리고 필자가 재미있다고 생각되는 문제만 엮어 나가면 되었기에 힘들었다고는 해도 그다지 큰 부담은 없었다.

이번의 책 『식물의 섹스』는 꽃가루의 생리학을 전문으로 하는 필자에게는 홈그라운드 이야기이다. 사실 먼젓번 책은 어느 편인가 하면 타의에 의해 쓰인 책이지만 『식물의 섹스』는 자진해서 쓰고 싶었던 책이다. 그러나 통근 전차 속에서도 쓸 수 있을 터인 『식물의 섹스』의 이야기 때문에 필자는 먼젓번보다 더한 괴로움을 맛보게 되었다.

자신이 재미있다고 생각하는 것과 남들이 재미있다고 생각하는 문제를 구별하는 것이 무척 어렵다는 사실에 생각이 미친 것은 아직 10분의 1도 채 쓰지 못했을 때다. 결국 "무엇을 어떻게 다룰 것인가"에 대하여 갈팡질팡하게 되어 버렸다.

　　이런 이유로 사람의 마음에 무엇을 남기기는커녕 도리어 큰 걱정 속에 이 책을 세상에 내놓게 되었는데, 지금에 와서는 "내게는 재미가 없더라도 『식물의 섹스』라는 말을 처음 듣는 사람에게는 흥미가 있을지도 모른다."라는 생각이 유일한 의지가 된다. 읽은 후의 감상이나 생각나신 점을 가르쳐 주시면 다행으로 생각하겠다.

이와나미 요조

목차

6장
자기 증식, 기타

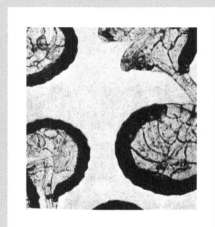

양치의 포자낭

```
프롤로그-1
```

「화분(花粉)을 물속에 넣어 보자. 꿈틀꿈틀 움직인다.」

이것은 어느 출판사에서 발간한 어린이용 과학 잡지 기사의 일부이다. 어린이용 잡지뿐만 아니라 물리나 생물의 전문서에도 「화분을 물속에 넣으면 미세한 운동을 한다. 이것이 브라운운동의 발견이다」라고 쓰여 있다.

그런데 화분은 물속에서 정말로 브라운운동을 할까? 본문에서 자세히 설명하듯이 화분의 크기는 보통 30~50미크론(μ) 정도로, 큰 것은 100~200μ이나 되는 것도 있다. 이런 큰 입자가 물의 분자운동에 의해 일어나는 브라운운동을 할 이유가 없다. 사실 필자는 20여 년 가까이 매일 현미경으로 화분을 관찰하지만 화분이 물속에서 꿈틀꿈틀 움직이는 것을 본 일이 없다.

브라운운동의 발견자인 브라운(R. Brown)도 "화분이 움직인다."라는 말을 들으면 깜짝 놀랄 것이다. 왜냐하면 당시 브라운이 본 것은 화분 자체가 아니라 화분 속에 들어 있는 전분립(澱粉粒) 등의 미세한 입자의 움직임이었기 때문이다. 오늘날 많은 사람이 "화분을 물에 넣으면 움직인다."라고 생각하는 것은 아마도 최초로 브라운의 업적을 소개한 일본의 위대

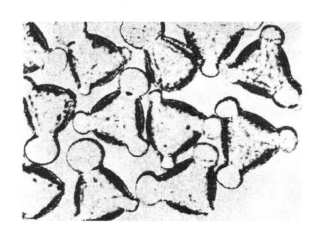

그림 1 | 물에 뜬 동백꽃의 화분

한 물리학 선생이 화분의 알갱이와 화분 속의 미세립자의 알맹이를 혼동하여 해석한 탓일 것이다. 이것은 책에 쓰여 있다고 해서 반드시 옳다는 것이 아니라는 한 예가 될 수도 있겠다.

예를 하나 더 들어 보자. 필자에 관한 일이어서 매우 죄송하지만 필자는 작년에 화분을 에테르(Ether), 클로로포름(Chloroform), 석유 벤젠(Benzene) 등 유기용매(有機溶媒) 속에 저장해두면 화분의 생명이 수개월 동안이나 유지되는 신기한 현상을 발견했다. 이 용매는 세포에 독성을 나타낸다고 생각하는 것이 생물학의 상식이기 때문에 우리는 지금까지 살아 있는 세포를 증기에 쬐는 것조차도 피해 왔다. 따라서 살아 있는 세포를 에테르나 클로로포름액 속에 넣는다는 것은 몰상식한 행위라고 할 수 있다.

1971년 여름, 필자는 우연한 일로 화분을 에테르로 씻어도 발아하는 것을 알았기 때문에 "씻어서 괜찮다면 에테르 속에 담가 두어도 죽지 않겠지"하고 생각하여 조그마한 유리관에 유기용매를 넣고 그 속에 화분을 넣어 보았다. 색깔이 바래져서 바닥에 가라앉은 화분을 5분 후에 꺼내어 용매를 휘발시키고 배양기(培養基)에 뿌린 결과 발아하여 화분관이 뻗어 나왔다. 용매에 담가 두는 시간을 10분, 30분, 한 시간, 두 시간으로 차츰차츰 연장해 보았으나 발아력은 조금도 떨어지지 않았다. 하루를 두어도, 열흘을 두어도, 한 달이 지나도 화분은 발아했다. 그뿐만 아니라 반년이 지나도 화분은 여전히 발아력을 지녔다.

그저 발아만 할 뿐 아니라 어떤 종류의 화분은 에테르에 담가 두는 편이 꽃에서 갓 딴 화분보다도 화분관이 더 잘 자랐다. 그 후 이 화분을 암술머리(柱頭)에 수분(受粉)시켰더니 종자를 만드는 것도, 또 화분 이외의 것인 예컨대 종자나 동물의 브라인슈림프(새우의 일종)의 알에서도 같은 일을 볼 수 있다는 것을 확인했다.

이로 인해 외국 학자들도 깜짝 놀란 모양이다. 최초로 논문을 미국에 보냈더니 그 잡지의 편집자는 「정말로 확실한 일이냐?」고 다짐을 받아 갔고 논문이 난 뒤의 반응도 대단했다.

이런 일들을 보면 우리가 지녀온 생물학의 지식은 진실과는 조금 다르다는 생각을 하지 않을 수가 없다.

그래서만은 아니지만 이『식물의 섹스』책은 학교의 교과서에 준하여 쓰지는 않았다. 따라서 수험공부를 하는 사람들에게는 당장 큰 도움이 되는 책은 아니라는 것을 미리 밝혀 두고자 한다.

동물은 암컷과 수컷의 구별이 있다는 것은 원시 세계에 살던 사람들도 알았을 것이다. 그러나 식물에 암수의 구별이 밝혀진 것은 상당히 시간이 지난 뒤의 일이다.

언제, 누가, 최초로 식물의 암수 성별을 알게 되었는지는 지금으로서는 알 수가 없다. 아주 오래된 시대의 일은 유적에서 나오는 벽화의 모양 등으로부터 추측하는 수밖에는 알 방법이 없다.

식물의 성에 관해 학문으로써 최초로 손을 댄 것은 고대 그리스의 유명한 과학자 아리스토텔레스(Aristoteles)이다. 그는 식물이 동물과 마찬가지로 "살아 있다."라는 사실은 인정했지만 "식물은 움직이지 않는다."라는 이유로 「식물에는 성이 없다」고 단언했다. 움직일 수가 없다면 암수로 나누어져 있는 것의 의미가 없다는 것은 그럴듯한 사고방식이다.

그런데 아리스토텔레스의 제자인 테오프라스토스(Theophrastos)는 대추야자의 꽃에 화분을 뿌려주지 않으면 열매가 달리지 않는다는 사실을 확인한 후 「무척 이상한 일이기는 하지만…」이라고 하면서 대추야자가 동물과 마찬가지로 암수가 나누어졌다는 사실을 인정했다. 대추야자는 암그루와 수그루가 있고 수그루에는 수꽃이, 암그루에는 암꽃이 달리기 때문에 암수의 성별을 인정하기 쉬웠을 것이다.

본래 생물이 암수로 나뉘는 것은 생식하기 위한 것이다. 생식이란 생물이 후손을 만드는 일이지만 도대체 생물은 어째서 후손을 만드는 것일까? 인간의 세계에서는 노후를 자녀가 돌봐준다는 점도 있지만 다른 동물이나 식물의 세계에는 그와 같은 습관이 없다. 그럼에도 불구하고 생물은 후손을 만든다.

생물에는 여러 가지 특징이 있는데 그 하나는 "현재 자신의 생활방법을 지켜 나가려는" 본능을 들 수 있다. 예를 들면 우리 몸의 혈액성분은 북극의 눈 덮인 벌판을 달릴 때도, 적도 직하의 정글 속을 방황할 때도 거의 변화가 없다.

즉 환경에 맞춰 자신의 생활방법을 바꾸려 하지 않는다. 만약 견디기 어려운 큰 변화에 직면하면 생물은 죽어갈 뿐이다.

이와 같이 완고하게 자신의 현재의 생활방법을 지켜 나가려는 생물이기는 하지만 어느 기간을 계속해서 살아가면 노폐물이 축적되거나 몸의 각 부분의 밸런스가 무너지면 생명을 유지할 수가 없게 된다. 그러면 생물은 자신과 같은 개체(個體)를 만들어 그 개체로 하여금 자신의 생활방법을 계속하게 한다. 이것이 생식이다. 따라서 수명이 짧은 것일수록 생식의 필요성이 높아진다. 화초에 비료를 충분히 주어서 튼튼하게 기르면 꽃을 피우지 않지만, 비료를 제대로 주지 않으면 몸은 매우 약하더라도 빨리 꽃을 피우는 것은 이런 사정 때문이다. 따라서 **생식능력을 갖게 되었다는 것**은

서서히 종말이 다가온다는 것을 의미하는 것으로 생각할 수 있다.

어쨌든 이렇게 해서 생물은 생식을 통해 자기의 생활방법을 지켜 나간다. 따라서 수명에 의한 개개의 생물체의 죽음은 새로운 개체에 자신의 생활방법을 물려준 뒤의 일이므로, 예컨대 살아 있는 몸의 표면으로부터 피부의 세포가 때가 되어 떨어져 나가는 것과 큰 차이가 없다. 개체가 죽더라도 자손이 계속 번식해서 살아가는 한 생명은 영원히 이 세상에 존속되는 것이다.

1장

식물의 생식

플라타너스의 나무껍질

꽃과 사람

"장미꽃과 같이"라든가 "꽃잎과 같이"라는 등 예로부터 사람은 꽃을 아름다운 것, 귀여운 것의 대명사로 사용해 왔다.

「이와 같이 아름다운 꽃을 늘 몸 곁에 둘 수 있다면….」 꽃꽂이도 원래는 이러한 착상에서 생겨난 것이리라.

그런데 꽃은 왜 이토록 아름다울까? 꽃은 인간이 이 세상에 태어나기 전부터 들판에 피어 있었을 것이고, 현재도 심산유곡에는 아름다운 꽃잎과 좋은 향기를 지닌 꽃이 만발한다. 따라서 꽃은 사람에게 아름답게 보이기 위해 피는 것도 아니고 사람이 꽃을 아름답게 만든 것도 아니다.

원래 꽃과 사람은 무관한 것으로 이 세상에 태어났지만 유원(悠遠)한 우주의 진화 속에서 우연히 지구 표면에서 인간과 서로 알게 되었다.

Give and Take

인간은 그 만남의 순간부터 꽃을 사랑했지만 꽃은 그 전부터 사랑하는 것이 있었다. 꿀벌이나 나비 등의 곤충류이다.

꽃은 아름다운 꽃잎, 달콤한 향기, 꿀 등을 마련함으로써 곤충을 부르고, 꽃에 모여든 곤충은 몸에 화분을 묻혀서 암술로 운반한다. 암술에 화분이 닿으면 식물의 자손인 종자가 형성된다. 물론 꽃은 그와 같은 의지를 가지고 곤충을 유혹하는 것은 아니며 곤충도 꽃에서 꿀이나 화분을 받는 대가로 화분의 운반을 거드는 것은 아닐 것이다.

그림 2| Give and Take

　진화의 면에서 보면 수억 년 전부터 현재에 이르는 동안에 갖가지 형태와 기능을 지닌 식물이 태어나고 그중에서 어쩌다가 곤충이 다가와 화분을 운반해 주게 된 식물이 오늘날까지 살아남아 있다고 생각해야 할 것이다. 그러나 이유야 어찌 되었건 현실적으로는 꽃이 곤충을 유혹하고 곤충은 그 유혹에 빠져 꽃에 물려와 수분을 돕는다. 한편 곤충들도 화분을 암술로 운반한다는 의식은 없다. 오히려 그들은 꽃에서 강제적으로 꿀을 빨아먹고, 화분을 빼앗아 자기들의 식량으로 삼는다고 생각할 것이다. 그러나 그 결과 "곤충은 꽃에서 식량을 얻어서 자라고 꽃은 곤충에게 화분을 운반하게 하여 번식한다."는 공존공영의 상태를 만들었다. 결국 양자 사이에는 완전한 'Give and Take'의 관계가 성립되어 있다.

짝사랑

그런데 꽃과 사람과의 관계는 어떤가? 사람은 예로부터 꽃을 사랑하고 꽃과 더불어 생활하고 싶다고 생각하고 있었다. 밭에 씨앗을 뿌리고 거름을 주어 아름다운 꽃이 피기를 기대했다. 그러나 본래 인간과 사귀려는 아무런 채비도 하지 않았던 꽃은 사람으로부터 일방적인 호의를 받게 되자 그저 당황할 뿐이었다. 도리어 그런 호의는 폐가 되기도 했다. 애써 아름다운 꽃을 피워 곤충을 부르려고 하면 사람들은 사정없이 꽃을 꺾거나 뿌리째 뽑아 좁은 화분에 쑤셔 넣는다. 억지로 교배를 당하고, 식물체의 몸 일부가 잘려 다른 식물과 접이 붙여지고 때로는 방사선을 쪼여서 성질을 바꿔 놓기도 한다.

꽃의 입장에서 본 인간이란 아무리 해도 사랑할 수 있는 상대가 아니라, 도리어 일방적인 가해자이기도 하다. 가능하다면 이 지구 위에 함께 살고 싶지 않은 존재가 인간이라는 생물이다.

이러한 현실 아래서 사람은 그래도 꽃을 사랑하려고 한다. 짝사랑이 숙명적이기에 인간은 한층 꽃을 사랑스럽게 생각하고 때로는 그것을 보호하려는 것이 아닐까?

꽃은 생식기

도대체 자연에 있어 꽃이란 무엇인가? 말할 나위도 없이 꽃은 식물의 생식기이다. 식물학에서는 생식기라 부르지 않고 **생식기관**(生殖器官)이라고 한다. 생식기관이란 생식, 즉 자식을 만들기 위한 기관이다.

생식이 이루어지는 것은 생물의 특징 중 하나이고 동식물에 공통된 현상이다. 우선 간단한 생식의 예로부터 살펴보기로 한다.

생명의 원시체(原始體)는 영양이 풍부한 스프와 같은 액체 속에서 태어났다고 생각된다. 따라서 모든 생물의 고향은 물속이다.

육상에서 생활하는 생물은 통째로 바싹 말라 버리지 않기 위해 늘 수분의 증발을 막고 물을 보급하는 방법을 생각해야 한다. 또 심한 기온의 변화로부터 몸을 보호하기 위한 특별한 방안을 연구하지 않으면 안 된다. 이러한 점만 생각해도 생물은 육상에서 살기보다는 물속에서 사는 편이 훨씬 안락하다. 이런 말을 하면 수영을 못하는 사람은 「물속에 얼굴을 집어넣으면 괴로워서 견디지 못할 것이 아니냐.」라고 생각하겠지만.

우리의 몸은 수천만 년이라는 긴 세월 동안 차츰 육상생활에 적응하도록 변해 왔기 때문에 지금에 와서는 물속에서는 생활할 수가 없다. 여기서 문제로 삼는 것은 인간에게 있어서 어느 편이 편한가가 아니라, 생물의 신체구조상 육상에서 사는 것과 물속에서 사는 것 중 어느 쪽이 간단하게 생활할 수 있느냐는 점이다. 물론 물속에서 사는 편이 간단하다. 그러므로 지금도 연못이나 개울 속에는 비교적 원시생활에 가까운 신체구조의 생물들이 많이 산다. 예를 들면 "물속의 보석"이라 불리는 규조(硅藻)는 세포 하나의 간단한 식물이지만 물속에서 광합성을 하여 몸을 둘, 넷으로 분열해 개체를 증식해 간다.

단세포 생물에 있어서는 이와 같이 개체를 증식하는 것이 후손을 만

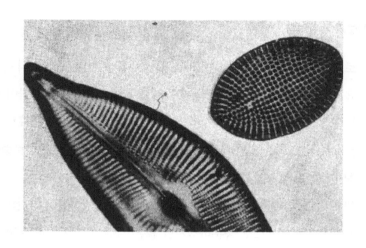

그림 3 | 물속의 보석 규조

드는 것이기 때문에 세포분열이 그대로 생식이 되는 것이다. 규조는 세포
의 바깥쪽에 단단한 막을 가지므로 그저 세포가 둘로 나누어지는 것이 아
니라, 먼저 낡은 껍질의 안쪽에 새로운 껍질이 형성되고 그 후에 규조의
세포가 둘로 분열한다. 따라서 규조는 분열할 때마다 조금씩 작은 새끼를
치게 된다. 이래서는 곤란하기 때문에 여러 번 분열한 후에는 작아진 껍
질을 벗어 던지고 알몸이 되어서 새로운 껍질을 다시 만듦으로써 크기를
회복한다. 연못이나 개울의 규조를 살펴보면 같은 종류의 규조이면서도
크기가 다른 것을 볼 수 있는 것은 이 때문이다.

식물과 우주여행

클로렐라(Chlorella)도 하나의 세포로 수중생활을 한다. 광합성의 능력이 높고 생식능력도 왕성하기 때문에 단시간에 세포분열을 반복하여 번식한다. 그 때문에 클로렐라는 흔히 영양제나 우주식(宇宙食)의 재료로 사용된다. 우주식이라고 하면 비교적 최근에 미국에서 살아 있는 클로렐라를 우주여행에 가지고 가려는 연구가 있었다.

두세 사람이 지구와 달 사이를 왕복하는 정도의 여행이라면 약간의 우주식을 휴대하는 것으로도 충분하겠지만 많은 사람이 몇 달, 또는 몇 년이나 우주여행을 계속하게 될 때는 무엇보다도 큰 문제가 탑승원이나 승객을 위한 식량이다. 그렇지 않아도 좁은 우주선 안에 식량창고를 만들 수도 없고, 가령 만들 수는 있다고 하더라도 중량이 문제이다. 승객과 함께 클로렐라를 싣고 가면 클로렐라는 인공태양의 빛으로 광합성하여 단백질이나 탄수화물을 합성해 번식한다. 단시간에 잇달아 생식해서 수를 늘려 가는 클로렐라를 인간이 먹고, 인간이 배출하는 이산화탄소와 배설물을 클로렐라에게 주어서 번식시킨다. 이렇게 사람과 클로렐라가 공동생활을 하면서 여행한다면 대량의 식량을 구비하지 않아도 장기간의 우주여행을 계속할 수 있을 것이다.

그러나 생각해 보면 우리 인류는 이미 태곳적부터 실제로 그런 일을 해왔다. 우주 속을 계속 날아가고 있는 지구 표면에서 벼나 채소를 재배하여 그것을 먹고, 배설물을 벼나 채소에 주어서 기르기를 반복하면서 오늘날까지 살아왔다. 지구라는 이름의 우주선은 수천만 년 전부터 사람과 식

그림 4 | 우주식은 클로렐라로

물을 싣고 우주공간을 계속 날아다녔고 앞으로도 끝없이 그 여행을 계속하려 한다. 클로렐라와 함께 하는 여행은 결코 엉뚱한 아이디어가 아니다.

성이 없는 생식

규조나 클로렐라와 같이 자기의 분신을 만듦으로써 생식을 한다. 즉 후손을 번식하는 것은 물속에서 사는 단세포 식물뿐만 아니라 육상에서 생활하는 고등식물에서도 볼 수 있다.

예를 들면 채송화의 가지를 잘라 땅 위에 꽂아 두면 잘린 부분에서 뿌리가 내리고 영양분을 흡수하며 생장하여 한 그루의 채송화로 자란다. 국화, 동백, 포도, 제라늄, 페튜니아 등도 가지를 잘라서 흙에 꽂아 두면 완전한 식물로 자란다.

　이것들은 모두 어미그루(母株)로부터 새끼를 치는 것이므로 훌륭한 생식이다. 모체의 일부가 새끼가 되는 예는 의외로 많은데 예를 들면 장미, 사과, 배, 감 등은 눈이나 가지의 일부를 다른 튼튼한 나뭇가지에 접목함으로써 번식하고, 감자, 고구마, 백합, 글라디올러스, 히아신스 등은 뿌리나 줄기의 일부를 나누어 번식한다. 또한 사마귀풀의 잎을 따서 지표면에 엎어 두면 잎의 가장자리에서 많은 유식물(幼植物)이 발생하여 그대로 새로운 개체로 자란다.

　이와 같이 몸의 일부를 나눔으로써 새끼를 만드는 생식에 있어서는 세포 내의 염색체나 유전자는 그대로 양친에게서 자식으로 승계되기 때문

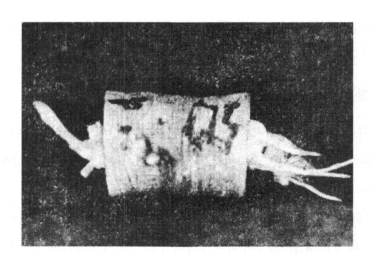

그림 5 | 민들레 뿌리의 단편에서 잎(좌)과 뿌리(우)가 나온 장면

에 태어나는 식물은 어미그루와 같은 형질(形質)을 갖게 된다. 따라서 같은 식물을 많이 만들어 낼 필요가 있을 때는 이 방법을 이용하면 된다. 예를 들면 어떤 사람이 교배 또는 돌연변이(突然變異)에 의해 A라는 우수한 품종의 식물을 얻었다고 하자. 이것과 똑같은 형질인 A 식물을 많이 만들어 내고 싶을 때는 종자를 맺게 하지 않고 가지나 눈을 삽목이나 접목으로 증식시켜 나간다. 오늘날에 볼 수 있는 많은 품종의 배, 사과, 감 등은 모두 이 방법으로 증식한 것이다.

그런데 식물의 세계에서도 인간과 마찬가지로 근친번식은 피한다. 예를 들면 장십랑(長十郎)이라는 품종의 배는 배꽃의 암술에 장십랑의 화분을 받아도 배가 달리지 않는다. 설사 다른 그루의 장십랑 화분을 받아도 장십랑끼리는 수분(受粉)은 하더라도 수정은 이루어지지 않는다. 장십랑의 그루가 몇만 개이건 근본을 캐면 한 나무이며 모든 장십랑은 염색체나 유전자가 같기 때문이다. 장십랑의 꽃의 암술에 장십랑 화분받이를 하는 것은 근친번식은커녕 자기 자신과 결혼을 하는 셈이기 때문이다(4장. 식물의 결혼 참조).

이야기가 좀 성급하게 나간 것 같지만 어쨌든 생물이 후손을 만드는 것을 생식이라고 한다. 모체의 일부가 분열하여 후대를 만드는 것을 **무성생식**(無性生殖)이라 한다. 무성생식 중에서도 다세포 생물체의 일부가 분열하여 새로운 개체로 번식하는 것을 **영양체생식**(營養體生殖)이라 한다. 앞에서 말한 국화, 사마귀풀, 배, 포도는 무성생식 중의 영양체생식이다.

화분으로부터 식물을

근년에 이 영양번식을 이용하여 인공적으로 개체를 증식시키는 기술이 급속히 진보했다. 식물체의 일부를 잘라내 그것을 배양하여 완전한 한 몫의 식물로 기르는 일이다.

민들레 뿌리를 잘게 썰어서 흙 속에 묻어 두면 자른 개수만큼의 민들레 모종이 돋는다는 것은 예로부터 알려진 사실이지만 미국의 스튜어트(Stewart, 1963)는 당근의 체관부세포(사부세포; 篩部細胞)를 플라스크에서 키워 그것을 흙에 이식함으로써 어미그루와 똑같은 당근을 만드는 데 성공했다. 더욱이 배지(培地)에다 특별한 호르몬(예, Cytokinin)을 첨가하면 잎만 번식시키거나 뿌리만 자라게 하는 기술까지 개발되었다. 이것들은 어미

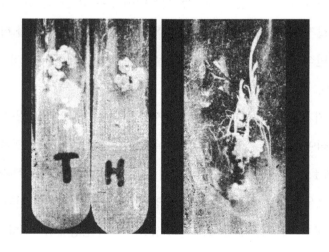

그림 6 | 어린 화분으로부터 나온 벼(좌는 분화 전의 모양)

가 새끼를 만든다기보다는 어미그루가 자신의 분신을 만든다고 생각하는 편이 타당할 것이다. 어쨌든 식물체의 일부를 취하여 그것을 키우거나 살려 두거나 하는 방법을 **조직배양**(組織培養)이라고 부른다.

　조직배양과는 약간 다르지만 최근에 약(約; 꽃밥)을 배양하여 그 속의 어린 화분으로부터 식물체를 만들어 내는 방법이 발견되었다. 이것을 **약배양**(約培養, 꽃밥배양)이라 부른다.

　인도의 구하(Guha)와 마에슈와리(1964)는 나팔꽃의 약배양에 처음으로 성공했다. 어린 화분세포를 분열시켜 식물체를 만들어 내기 때문에 거

담배의 약배양 배지

약품의 종류	1 ℓ 중의 양(mg)
KNO_3	200
$Ca(NO_3)_2 \cdot 4H_2O$	600
$MgSO_4 \cdot 7H_2O$	100
KH_2PO_4	100
$MnSO_4 \cdot 4H_2O$	10
Na_2EDTA	37.35
$FeSO_4 \cdot 7H_2O$	27.85
인돌초산	1.5
카이네친	1.5
아데닌	10
티미진	5
치아민	0.4
미오·인돌	100
서당	30,000
한천	6,000

기에서 생성되는 식물세포의 염색체 수는 모세포의 반수이다. 따라서 약배양에 의해 태어난 식물은 모체와는 다른 성질을 갖는다.

이런 점이 식물체의 일부를 떼어 내어 기르는 조직배양과 다르지만, 현재까지 담배, 벼, 양배추, 조, 까마중 등에서 약배양에 성공했다. 특히 일본에서는 이 약배양에 의해 타르의 함량이 적은 담배를 만들어 내는 연구가 진행된다. 화분을 배양하는 배지에 사용하는 약품은 식물의 종류에 따라서 조금씩 다르지만 담배의 약배양에는 표에 나타낸 것과 같은 약품들이 사용된다.

약배양의 특징은 뭐니 뭐니 해도 자성(雌性) 없이 후손을 만들 수 있다는 점이다. 즉, 웅성(雄性)만으로 자손을 남길 수가 있다. 다만 현재로서는 모든 식물에서 가능한 것은 아니며 동물에서는 식물만큼 간단할 것 같지가 않기 때문에 세상 남자들이 「아이를 만드는 데 여자 따위는 필요 없다」는 투로 뽐낼 수는 없는 일이다.

분신

생물체는 보통 많은 세포가 모여서 만들어지는데 이 세포의 근본은 단 하나의 수정란세포(受精卵細胞)이고 이것이 세포분열을 반복하여 늘어난 것이다. 따라서 생물체의 어느 부분의 세포도 원래는 같은 능력을 가지고 있기 때문에 체세포의 일부를 떼어 내어 배양함으로써 모체와 동일한 생물체를 만들 수 있다는 것은 극히 당연한 일이다.

그런데 세포분열에 의해 태어난 세포는 분리된 직후에는 원래의 세포와 동일하지만 생장함에 따라서 형태와 크기, 성질을 갖추어 나간다. 이것을 세포의 분화(分化)라고 하며 분화한 세포의 어떤 것은 두꺼운 막을 형성하여 식물체를 지탱하고, 어떤 것은 녹말(綠末)이나 호르몬 또는 유적(油滴)을 합성하기도 하며, 또 어떤 것은 엽록체(葉綠體)를 지니고 광합성을 한다.

이와 같이 분화가 진행된 세포는 일반적으로 분열하는 능력을 상실한다. 그 때문에 식물의 잎이나 줄기, 뿌리를 만드는 세포를 잘라내 배양해도 보통은 분열하여 조직이나 식물체를 만들거나 하지는 않는다. 그러나 본래 분열 능력을 가진 세포이므로 모체의 제어력으로부터 벗어나면 분열을 시작한다. 이러한 분열능력을 회복하는 환경이 주어진 경우가 조직배양 또는 약배양에 성공한 때이다. 이것은 뒤에서 설명하게 될 자동차의 사이드브레이크를 제거한 것에 비유할 수 있는데 어쨌든 식물체의 어느 부분의 세포도 잠재적으로는 무성생식에 의해 자손을 만들 능력을 가진다.

무성생식이나 영양생식은 식물뿐만 아니라 동물의 세계에서도 상당히 많이 볼 수 있다. 예를 들면 나팔벌레의 몸을 중앙에서 분단하면 전반부는 후반부를, 후반부는 전반부를 만들기 시작하여 드디어는 한 마리의 나팔벌레가 두 마리의 나팔벌레로 된다. 어떤 종류의 말미잘은 더듬이(觸手)가 몇 토막으로 잘리면 잘린 수만큼의 개체가 형성된다.

「하등동물에서는 그렇다고 하더라도 고등동물에서는 무리겠지」라고 생각하는 사람을 위해 최근에 있었던 개구리의 실험을 예로 들겠다.

그림 7 | 죽은 사람을 다시 살리는 데는?

먼저 두꺼비의 일종인 아프리카산 개구리가 알을 낳게 하고, 난세포의 핵을 자외선으로 죽이거나 핵을 빼낸 뒤 그 개구리의 올챙이의 장세포에서 핵을 떼어 내어 그것을 핵이 없어진 난세포 속에 이식한다. 그러면 이 난세포는 발생하기 시작해서 이윽고 개구리가 되는데, 그 개구리는 핵을 떼어 낸 올챙이와 같은 것이 된다. 난세포를 여러 개 준비하여 각각의 올챙이의 장세포에서 떼어 낸 핵을 이식하여 배양하면, 거기에는 얼굴 생김새부터 성질까지 모든 것이 같은 개구리가 몇 마리는 생긴다. 이렇게 해서 개구리는 이미 핵이식의 방법에 의해 수만 마리나 되는 분신의 개구리가 만들어졌다. 1978년에 미국의 로픽은 개구리와 같은 방법으로 인간의 분신이 만들어졌다는 책을 써서 세상 사람들을 깜짝 놀라게 했다. 그것은 17세의 여성에게서 떼어 낸 난세포에 67세의 남성의 세포핵을 이식하여 어느 정도 분열시킨 뒤 그 여성의 배 속으로 되돌려 주었더니 약 열 달 후에 사내아이가 태어났는데, 그 아이는 67세인 남성의 분신(유전자가 모두 같은 개체)이었다는 내용이다. 이 이야기는 아무래도 조작된 이야기 같지만 이론적으로는 가능성이 있는 만큼 더 으스스한 이야기이다. 인간의 신체의 일부를 배양하여 분신을 만들어낸다는 것은 도의적으로도 용서될 수 없는 일이다.

따라서 어딘가에서 제동을 걸어야 할 일이지만 이 무성생식에 의해 생물의 분신을 만들어 내는 연구는 생물학 연구자들에게는 꽤 매력 있는 일이기 때문에 제동을 걸 수 있을지는 오늘날의 생물학에 있어서의 하나의 큰 문제이다.

접합과 수정

성과 관계없이 자기 몸의 일부를 나누어 후손을 만드는 생식을 무성생식이라 하는데 많은 생물은 자연계에서 성(性)과 관계있는 생식을 한다. 즉 같은 종류의 생물 가운데서 생기는 암수는 생식을 위한 특별한 세포(생식세포; 生殖細胞)를 만들어 그것을 결합시켜 새로운 개체를 만든다. 이와 같은 생식을 **유성생식**(有性生殖)이라 한다.

유성생식은 고등식물에서는 물론, 상당히 하등인 식물에서도 볼 수 있지만 하등식물의 유성생식에서는 결합하는 암수의 형태상으로는 차이가 보이지 않는 것이 많다. 예를 들면 물속에 사는 클라미도모나스(Chlamydomonas)는 세포 하나로 이루어진 식물로서 두 개의 수염을 움직이면서 물속을 헤엄친다. 그러다가 생식기가 되면 우선 수염을 벌려서 다른 클라미도모나스와 서로 교접한다. 그저 교접만 하는 것이 아니라 쌍방의 세포의 내용물이 합체하여 하나의 커다란 세포로 된다.

　　이 합체한 세포를 접합자(接合子)라 부르며 접합자는 두 번에 걸쳐 계속 분열하여 네 개의 클라미도모나스가 된다. 즉 한 번 합체할 때마다 2

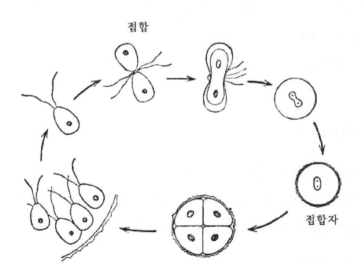

접합

접합자

그림 8 | 클라미도모나스의 생식

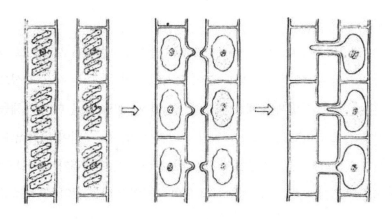

그림 9 | 해캄의 생식(접합)

배로 불어난다. 클라미도모나스는 외관상으로는 어느 것이나 같아 보이
지만 내용적으로는 암수의 두 종류로 나누어져 있다. 그 증거로는 합체할
때 상대가 누구라도 좋다는 것이 아니라 적극적으로 합체하는 것과 그것
을 피하는 것이 있다. 암컷의 요소를 가진 것과 수컷의 요소를 가진 것이
합체하고 같은 것끼리는 합체하지 않는다.

　연못이나 논에 녹색 솜과 같은 모습으로 사는 해캄을 현미경으로 관
찰하면 많은 원통형 세포가 세로로 이어져 있다. 생식기에 들어선 해캄은
먼저 가까운 해캄의 세포를 향해 가느다란 관을 내민다. 그러면 그것에
호응이라도 하듯이 상대편 해캄에서도 가느다란 관이 뻗어와서 관과 관
의 선단이 접하고 두 개의 세포가 하나의 관으로 연결된다. 이윽고 한쪽
세포의 내용물이 관의 터널을 통해 다른 세포 속으로 흘러들어 두 개가

합체한다(그림 9).

　이 해캄의 경우도 세포의 형태만으로는 암수가 구별되지 않지만 그 성질상 세포의 내용물을 내보내는 쪽이 웅성이고 받아들이는 쪽을 자성으로 볼 수 있다. 이렇게 합체한 해캄의 접합자는 세포분열을 해서 개체를 증식한다. 클라미도모나스나 해캄처럼 외관상 암수의 구별이 되지 않는 세포가 합체하는 것을 **접합**(接合)이라 부르는데 같은 것끼리가 합체할 턱이 없으므로 내용적으로는 당연히 암수의 구별이 있다는 것이 된다. 조류(藻類) 중 상당히 많은 것이 이 접합에 의해 후손을 남겨서 번식한다.

　이것에 대하여 보통식물은 명확히 다른 형태의 두 종류의 생식을 위한 특별한 세포를 만들고 그것을 합체시켜서 후손을 만든다. 이 경우, 작고 능동적인 세포를 **웅성 생식세포**, 크고 수동적인 세포를 **자성 생식세포**라 한다. 웅성 생식세포를 만드는 기관이 웅성 생식기관이고, 자성 생식세포를 만드는 기관이 자성 생식기관이다. 작고 능동적인 웅성 생식세포는 크고 수동적인 자성 생식세포에 접근하여 작용하고 자성 생식세포는 웅성 생식세포를 받아들여 합체한다. 이와 같이 암수의 구별이 확실한 생식세포가 합체하는 경우를 **수정**(受精)이라 한다. 수정한 세포를 **수정란**(受精卵)이라 하며, 수정란의 세포는 분열능력이 높아서 활발한 세포분열을 하여 새로운 식물체를 만들어 낸다.

　보통식물의 웅성 생식세포는 **화분**(花粉)이고 자성 생식세포는 **알**(卵)이다. 화분은 수술 끝에 있는 꽃밥(화분주머니) 속에 있고 알은 암술 아래쪽 씨방(子房) 깊숙이 들어 있다. 따라서 화분이 암술머리에 닿아도 바로 수

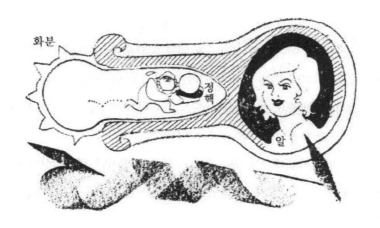

그림 10 | 생식세포(정핵)를 알로 보내 수정시킴

정되는 것은 아니다. 화분관을 뻗어서 내용물을 씨방으로 운반하여 그 속에 있는 알과 수정시킨다. 뒤에서 자세히 이야기하겠지만 화분은 웅성 생식세포라고는 하지만 화분 자체가 알과 수정하는 것이 아니라 화분 속의 생식세포(은행, 양치 등 겉씨식물에서는 정충)가 알과 수정하기 때문에 정확히 말한다면 화분은 웅성 생식세포 자체가 아니라 웅성 생식세포를 담는 그릇이며 그것의 운반자이다(그림 10).

비상식적인 생식

「생물의 생식에는 두 가지 종류가 있다. 몸의 일부를 나누어 후손을 만드는 생식을 무성생식이라 하고, 생식세포를 만들어서 접합 또는 수정시켜 자손을 만드는 생식을 유성생식이라 한다.」

지금까지의 이야기를 정리하면 이상과 같으며, 교과서나 참고서에도 이와 같은 의미의 내용이 쓰여 있다. 따라서 이런 것들은 현대 생물학의 상식이지만, 앞에서도 말했듯이 상식은 어디까지나 그 시대에 있어서의 상식이지, 그것이 영원히 통용될 수 있는 것은 아니다.

생물의 생식세계에도 최근에는 상식에서 벗어난 생식현상이 나타나고 있다. 즉 생식세포가 아닌 보통의 세포가 합체하여 새로운 식물을 만든다는 사실이 알려졌기 때문이다.

식물체의 세포는 단단한 세포막으로 싸여 있는데 세포막이 없어도 생활할 수가 있다. 원래 세포막은 세포를 넣어 두는 그릇으로 골격이 없는 식물의 체형을 갖추고 식물체를 지탱하는 역할을 한다. 따라서 식물체의 세포에 펙티나아제(Pectinase), 셀룰라아제(Cellulase) 등의 효소를 가하여 세포막을 분해시키면 알몸의 세포가 남는데 세포막을 제거해도 세포는 죽지 않는다.

칼슨(Carlson, 1972)은 담배(염색체 수 24) 잎의 세포를 이 방법으로 알몸으로 만들고 같은 방법으로 알몸의 세포로 만든 다른 종류의 담배(염색체 수 18) 잎의 세포와 함께 두었더니 두 세포가 합체하여 염색체 수가 42개인 세포를 만드는 것을 보았다. 합체할 뿐이라면 몰라도 그 합체한 세포는 이윽고 분열을 시작하여 큰 세포덩어리가 되어 잎을 만들고 뿌리를 내려서 완전한 담배로 자라났다.

잎세포로부터 식물체가 형성되었으므로 유성생식이 아니고, 합체한

그림 11 | 잎의 세포가 합체하여 후손의 식물을…

것이므로 무성생식도 아니지만 어쨌든 새로운 식물체가 만들어진 것이므로 생식임에는 틀림이 없다. 생물학의 지식으로 본다면 매우 비상식적인 생식이다. 더욱이 이 비상식적인 생식이 담배 이외에서도 이루어진다는 것을 알기 시작하고부터는 비상식적이라는 이유로 체념할 수만은 없게 되었다. 발견자인 칼슨은 이 현상을 Para-sexual Reproduction이라고 부르는데 이것을 우리말로는 무엇이라고 옮겨야 할까? 무성생식, 유성생식에 대한 **부성생식**(副性生殖)이라고 해야 할까? 어쨌든 귀찮은 생식이

나타났다. 뒤에서 설명하겠지만 이미 동물에서는 예전부터 암세포이기는 하지만 인간과 쥐의 세포를 합체시킬 수 있다는 것이 알려져 있다. 이 부성생식의 기술이 완성되면 생물의 교배에 대한 개념은 일변될 것이고 지금까지 본 적도 없는 생물이 태어날 가능성도 있다.

예를 들면 독일의 메르히야스(1978)가 감자잎의 세포의 세포벽을 효소로 녹여서 알몸의 세포로 만들고, 토마토잎에서도 알몸의 세포를 얻어 두 세포를 합체시켜 그것을 잘 키움으로써 감자와 토마토의 중간 식물을 만드는 데 성공했다. 감자와 토마토는 교배를 하더라도(화분을 암술에 묻혀도) 종자를 만들지 않는다. 그 두 종류의 식물의 잎세포끼리를 합체시켜 잡종을 만들어 낸 것이다. 현재로는 아직 뿌리에는 감자가 달리고 가지에는 토마토가 달릴 만큼 훌륭하지는 않았지만 칼슨 등은 일찍이 지구 위에 없었던 이 새로운 식물에 포테이토와 토마토의 중간이라는 뜻에서 포마토(Pomato)라는 이름을 붙였다. 현재 동물에서도, 예를 들어 사람의 암세포와 쥐의 세포를 합체시키는 연구가 진행되고 있다.

상식에서 벗어날 때가 온 것이다. 상식에서 벗어난다고는 해도 필자가 결코 지식을 버리라고 권하는 것은 아니다. 바른 것도 많지만 "기성개념에 너무 집착해서는 안 된다"라고 말하고 싶다. 이야기가 다소 설교처럼 되어 버렸으나 다시 생식기관에 관한 이야기로 돌아가기로 하자.

양복과 오버코트

꽃은 식물의 생식기관이다. 식물의 생식기관이 동물과 다른 점은 자성(雌性)과 웅성(雄性)의 생식기관이 같은 식물의 같은 장소에 만들어지는 것이다. 동물의 경우에는 수컷의 몸에는 웅성 생식기만, 암컷에는 자성 생식기만 만들어지지만 식물의 경우는 웅성 생식기관과 자성 생식기관이 같은 꽃 속에 통합하여 만들어진다. 하기는 어떤 종의 식물(예, 은행, 통나무)에서는 동물과 마찬가지로 수꽃(雄花; 수술만 가진 꽃)과 암꽃(암술만 가진 꽃)이 별개의 그루에 달리지만 그것은 극히 제한된 예이다(5장 '암수의 별거' 참고).

식물의 생식기관에는 암술이나 수술 외에 **꽃잎**과 **꽃받침** 등의 부속물들이 있다. 이것들을 통틀어서 **꽃**이라 일컫는데 이들은 암술이나 수술을 겨울의 추위에서 보호하고 개화 후에는 그 존재를 과시하여 동물을 유혹하는 역할을 한다.

따라서 꽃잎이나 꽃받침은 우리 생활에 있어서의 양복이나 오버코트에 해당한다. 꽃잎인 양복은 보통 아름다운 색깔과 모양으로 디자인되어 있으나 오버코트에 해당하는 꽃받침은 그리 눈에 띄지 않는 것이 보통이다. 그러나 수많은 꽃 중에는 허름한 양복 위에 멋진 오버코트를 입는 것이 있다. 예를 들면 수국이나 붓꽃의 파란 꽃잎처럼 보이는 것은 사실은 꽃받침에 해당한다.

이 꽃들을 주의 깊게 관찰하면 중앙부에 그리 눈에 돋보이지 않는 꽃잎이 있다. 부자(附子), 이질풀 등도 허름한 양복에다가 멋진 오버코트를

그림 12 | 꽃잎이나 꽃받침은 동물을 유혹하는 데 도움이 된다

걸쳐 눈을 속이는 꽃이다. 설사 허름하더라도 양복이나 오버코트를 걸치는 꽃은 그래도 나은 편이다. 개중에는 버드나무처럼 양복도 오버코트도 없이 겨우 허리 도롱이와 같은 것을 다는 꽃도 있다. 또 은행꽃은 그것조차도 몸에 걸치지 않은 알몸의 꽃이다. 알몸이라도 중요한 부분만 갖추면 종자를 맺는다. 풍매화(風媒花)인 은행꽃은 바람이 화분을 운반하기 때문에 곤충을 상대할 필요가 없다. 바람이 상대일 바에야 굳이 몸을 열심히 장식할 의욕도 없을 것이고 또 뜻도 없는 일이다.

꽃의 기형

아무리 꽃잎이나 꽃받침으로 아름답게 몸을 장식해도 생식기관인 암술이나 수술이 완전하지 못하면 종자를 만들 수가 없다. 종자를 만들 수 없는 꽃은 꽃으로서의 자격이 없을 것이다.

산벚나무의 꽃을 하나 따서 속을 살펴보면 다섯 장의 꽃잎과 다섯 장의 꽃받침이 있고 그 가운데에 수술이 늘어서서 화분을 내민다. 중앙에는 한 개의 암술이 있어 암술머리(柱頭)에 화분이 날아와 앉기를 기다린다. 산벚나무의 꽃은 보기에 건강한 꽃이다. 실제로 종자나 열매를 맺는 생식능력도 높다. 그러나 꽃벚나무꽃을 따서 보면 꽃잎은 오글오글하고 불규칙한 형태를 한 것이 많고 수술과 꽃잎의 구별이 뚜렷하지 않다. 꽃잎의 일부에 수술의 꽃밥이 붙어 있는 것이 있거나, 수술의 중간에 꽃잎 같은 것이 나와 있거나 한다. 이래서는 머리에 손가락이 돋아 있거나 배에서 다리가 튀어나와 있거나 하는 것과 같다. 따라서 꽃벚나무꽃은 종자를 맺는 능력이 낮다.

수련이나 동백에서도 동일한 현상을 볼 수 있다. 꽃벚나무 꽃은 얼핏 보기에는 매우 멋진 꽃으로 보이지만 자손을 만드는 목적을 잊고 몸치레만 지나치게 열중한 기형 꽃이라 할 수 있다.

꽃의 탄생

동물의 몸에는 태어나기 전부터 암수 중 어느 것의 생식기가 달려 있지만 식물은 식물체가 충분히 생장하여 생식의 필요가 생기고서야 생식기관을 만들기 시작한다. 어느 식물이건 꽃을 만들기 시작하려면 식물체의 발육이 어느 단계에 도달해 있어야 한다. 이것은 독일의 크레브스(H.

A. Krebs, 1918)에 의해 밝혀졌다. 어떤 식물(예, 토마토)은 특정 단계에 도달하기만 하면 꽃을 만들기 시작하지만, 대부분의 식물은 식물체가 충분히 발육하고, 거기에다 그 식물이 특수한 환경 아래에 놓인 다음에야 비로소 꽃을 만들기 시작한다. 특수한 환경이란 하루의 명암의 길이나 온도의 변화이다.

하루의 명암의 길이가 식물의 생육에 영향을 주는 것에 관해서는 필자가 쓴 『광합성의 세계』에서 자세히 설명했다. 요약하면 식물 중에는 하루 중에서 밝은 빛을 받는 시간이 길 때 꽃을 형성하는 장일(長日)식물과 짧을 때 꽃을 형성하는 단일(短日)식물이 있다. 빛을 받는 시간이 몇 시간 이상 (장일식물의 경우)이거나 몇 시간 이하(단일식물의 경우)일 때 꽃을 형성하는가는 식물의 종류에 따라서 다르다. 두세 가지 예를 들어 보자.

장일식물	빛을 받아야 하는 시간	단일식물	빛을 받아야 하는 시간
싸리풀	10~11시간 이상	콩	14~16시간 이하
시금치	13~14시간 이상	코스모스	12~13시간 이하
무궁화	12~13시간 이상	국화	14~14.5시간 이하

표에서 보면 시금치는 하루 중 13~14시간 이상의 빛을 받아야만 꽃을 형성하고 코스모스는 12~13시간 이하가 아니면 꽃을 형성하지 않는다는 것을 알 수 있다.

하루 중 빛을 받는 시간(明期)이 길다는 것은 빛을 받지 않는 시간(暗期)

이 짧다는 뜻이며 명기가 짧다는 것은 암기가 길다는 것을 의미한다. 예를 들면 단일식물은 빛을 받는 시간이 긴 봄이나 여름에는 꽃이 피지 않지만 인위적으로 태양빛을 차단하여 어두운 시간을 길게 하면 꽃이 피기 시작한다. 이와 같이 하루 중의 명암의 장단이 식물의 생육에 영향을 주는 것을 **광주성**(光周性)이라 한다.

특정 온도 아래에 두면 꽃이 빨리 형성되는 현상은 러시아(구소련)의 리센코(T. D. Lysenko, 1932)가 발견했다. 그는 싹이 튼 밀을 0~2℃의 저온 아래에서 40~50일간 두었다가 밭에 뿌리자 빨리 이삭(꽃)이 나오는 것을 보고 그 후 보리, 옥수수, 콩, 담배, 면화, 20일 무 등에서도 발아종자를 저온에 처리하면 빨리 꽃이 피는 것을 알게 되었다. 이와 같은 처리법을 **춘화처리**(春化處理; Vernalization)라고 한다.

중복수정

꽃봉오리일 때는 웅성 생식기관도 자성 생식기관도 미성숙 상태이지만 개화한 꽃의 생식기관은 일반적으로 완숙되어 생식능력을 가지고 있다.

일반적이라고 한 것은 후에 상술하는 바와 같이 화기(花器)에는 암수 중 어느 것이 미성숙한 채로 개화하는 것이 있기 때문이다(예, 도라지, 봉선화). 성숙한 수술로부터 화분이 쏟아져 나오고 암술머리에서는 점액이 분비되면 화분을 맞아들일 준비가 갖추어진다.

화분은 암술에 닿으면 발아하고 **화분관**(花粉管)을 뻗어서 생식세포에

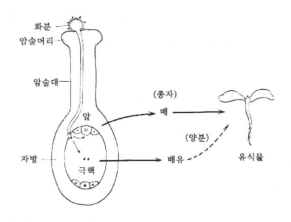

그림 13 | 속씨식물의 중복수정

서 만든 두 개의 정핵(精核)을 자방(子房)으로 들여보낸다. **자방** 안의 **배주**(胚珠) 속에는 난세포가 있다. 배주는 난세포 외에 조세포(助細胞), 극핵(極核), 반족세포(反足細胞)로 구성되는데 두 개의 정핵 중 하나는 난세포와 다른 하나는 극핵과 수정한다. 이리하여 동시에 두 조의 수정이 이루어지기 때문에 **중복수정**(重複受精)이라 불린다. 중복수정에 있어서 난세포는 수정하여 2n의 수정란이 되고 극핵은 수정하여 3n의 세포가 된다. 이들 세포는 세포분열을 반복하여 전자인 2n세포는 유식물(幼植物)에 해당하는 배(胚)를 만들고 후자인 3n세포는 종자의 배유(胚乳)를 만든다(그림 13).

이상은 벚나무, 백합, 튤립, 벼 등에서 볼 수 있는 속씨식물의 중복수정에 대해 이야기했다. 소나무, 삼나무, 은행 등의 겉씨식물은 중복수정을 하지 않는다. 자성 생식기관도 속씨식물과는 달라서 암술머리(柱頭)나 암술대(花柱)가 없고 밑씨(胚珠)가 씨구멍(珠孔)으로 점액을 내어 직접 화분을 받아들인다. 화분은 그 액 속에서 발아하여 하나의 웅성 생식세포만을 알과 수정시킨다. 특히 은행, 소철 등은 동물과 마찬가지로 **정충**(精虫)을 만들고 그 정충이 점액 속을 헤엄쳐 들어가서 알에 도달하여 수정한다.

겉씨식물 수정의 또 하나의 특징은 수정하기까지 장시간을 요한다는 점이다. 속씨식물의 수분에서 수정까지의 시간은 빠른 것은 한 시간, 늦은 것은 수일이 걸리지만 겉씨식물에서는 소철은 2~3개월, 은행은 4~5개월을 요한다.

식물의 정충

은행이나 소철은 동물과 마찬가지로 정충을 만든다고 앞에서 이야기했지만 식물의 정충에 관해서는 그다지 자세히 알려지지 않았으므로 여기에서 자세히 설명하기로 한다.

동물의 정충은 올챙이 꼬리를 길게 늘인 모양을 한 것이 많은데 식물의 정충은 동물의 것보다는 훨씬 복잡한 형태를 한다. 식물이 정충을 만드는 것을 최초로 발견한 것은 에센케크(1822)로, 물부추와 봉의꼬리의 정충을 발견했다. 이들 식물은 그다지 알려지지 않은 하등식물인데, 일본의 히라세(1892)가 은행꽃이 정충을 만드는 것을 발견하고, 이케노(1896)가 소철의 정충을 발견하여 세상 사람들을 놀라게 했다.

식물의 정충은 편모(鞭毛) 부분을 제외하면 1㎜의 100분의 1 정도의 크

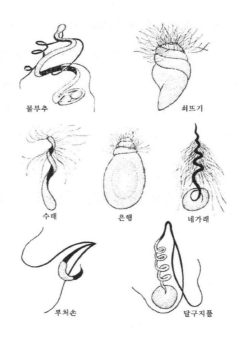

물부추   쇠뜨기

수태   은행   네가래

부처손   달구지풀

그림 14 | 식물의 여러 가지 정충

기이므로 육안으로는 보이지 않는다. 편모의 굵기는 0.1~0.01μ(1μ은 1mm 의 1,000분의 1)이며, 전자현미경을 이용한 최근의 연구에 의하면 보통이끼 의 정충편모는 2가닥의 섬유가 9가닥의 섬유에 둘러싸여 있다. 이것은 동 물 정충의 편모구조와 같다. 이들 정충은 편모를 움직이면서 액 속을 헤 엄치는데, 능금산, 구련산 등을 향해 헤엄쳐 가는 성질이 있다. 이 주화성 (走化性)은 정충이 자성 생식세포를 찾아서 진행할 때 도움이 되는 것으로 생각한다.

늙은 세포를 젊은 세포로 만듦

식물의 생식(총론)의 끝맺음으로 유성생식과 무성생식의 관계에 대해 설명하겠다. 생물이 자신의 몸의 일부분을 나누어서 후손을 만들 수가 있다면 모든 생물이 무성생식(또는 副性生殖)을 통해 자손을 남기면 되지 않을까 싶은데, 대부분의 생물은 유성생식을 한다. 어째서일까? 일부러 복잡하고 번거로운 유성생식을 하는 데는 무엇인가 특별한 목적이 있을 것이다.

무성생식이니 유성생식이니 하고 말하지만 이 둘을 확연히 구별한다는 것은 어렵다. 동백, 채송화 등은 무성생식을 할 수도 있지만 보통은 유성생식으로 종자를 만든다. 유성생식에 있어서는 먼저 수정이 끝난 수정란이 세포분열을 하여 증식하지만, 이 경우 세포를 단위로 하여 생각한다면 세포가 무성생식에 의해 증식된다고 볼 수 있다.

수정란은 일정 기간 분열을 계속하면 반수의 염색체를 가진 생식세포를 만들기 시작해 그것을 합체시켜 종자를 만들려고 한다. 즉 세포가 유성생식을 시작한다. 따라서 모든 생물은 무성생식과 유성생식을 반복하면서 대를 거듭한다고 생각할 수 있다.

우리의 신체도 하나의 수정란에서 출발하여 그것이 세포분열을 되풀이함으로써 몸을 형성하는데 세포가 일정수에 도달하면 그 이상 증식하지 않고 성장을 멈춘다. 그 후에도 식물체의 각 부분은 새로운 세포를 만들어 낡은 세포와 교체되므로 같은 세포가 언제까지고 남아 있는 것은 아니지만, 신체가 어느 기간 동안 생활작용을 계속하면 체내의 각 부분의

그림 15 | 유성생식의 목적은

밸런스가 깨지거나 노폐물이 쌓여 "자신의 생활방법을 지속적으로 유지"
할 수가 없게 된다. 생물은 그것을 알아차리고 젊고 건강한 세포를 만들
준비로 염색체를 반감시킨 생식세포를 만들기 시작하고, 두 개의 생식세
포를 합체시켜 새로운 세포를 다시 만든다. 지친 세포를 젊은 세포로 회
생시키는 것이 유성생식의 첫 번째 목적이다.

　유성생식의 두 번째 목적은 많은 후손을 남기는 데 있다. 예를 들면 채
송화의 가지를 잘라 흙에 꽂으면 후손을 만들 수가 있다고는 하지만 자신
의 몸을 잘라 나누는 것이므로 한 번에 많은 증식은 곤란하다. 그렇지만

유성생식을 하게 되면 오이, 수박의 종자를 생각해 보면 알 수 있듯이 많은 후손을 만들 수가 있다.

세 번째 목적은 양친과 조금씩 다른 성질의 자손을 남기는 일이다. 흰 찰흙덩어리를 몇 개로 뜯어내도 흰 덩어리 이외에는 만들지 못하지만 흰색과 붉은 찰흙을 섞어서 뜯어내면 본래의 흙과는 조금씩 다른 색깔의 것이 많이 생긴다. 물론 생물의 생식은 찰흙공작처럼 간단한 것은 아니지만, 조금씩 다른 성질의 후손이 생긴다는 점에서는 비슷하다. 따라서 유성생식은 종속(種屬)을 유지하기 용이한 점, 양친보다 우수한 자손이 생길 가능성이 있다는 점에서 무성생식보다 뛰어난 생식수단이라 할 수 있다.

그 밖에 유성생식은 종자를 만듦으로써 추운 겨울을 넘길 수 있다는 등의 유리한 점도 있다. 요컨대 생물은 "건강하고 우수한 후손을 많이 만들기 위하여" 유성생식을 하는 것이다.

2장

파리놀로지의 세계

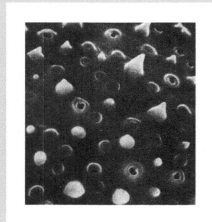

채송화의 화분 표면

Palynology란

Morphology는 형태학(形態學), Physiology는 생리학(生理學), Ecology는 생태학(生態學)이다.

Palynology란 화분학(花粉學)이라고 해석한다. 화분학은 화분에 관한 학문이지만 화분학=Palynology라고 하는 데는 다소 이론이 있다. 예를 들면 필자는 화분학은 화분, 즉 Pollen에 대한 학문이므로 Pollenology 라고 주장하지만 아직 세상 사람들이 인정하지 않는다.

Palynology의 어원 그대로라면 "먼지에 관한 연구"라는 뜻이다. "먼지에 관한 연구"가 어째서 화분학이라고 해석되는가는 물론 화분도 날아 흩어지기 때문이다. 그러나 날아 흩어지는 것은 화분만이 아니다. 생물에 국한시켜 보더라도 포자(胞子), 유공충(有孔蟲), 편모충(鞭毛蟲) 등의 미생물이 있다.

18세기부터 19세기에 걸쳐서 북유럽 세 나라인 스웨덴, 노르웨이, 핀란드의 식물학자들이 습기가 많은 초원의 토양 속에 포자나 화분이 들어 있는 것을 발견하고 나서부터 흙 속 미소생물의 화석에 관한 연구가 각국에서 활발하게 진행되었다. 그 후 독일의 자르(Saar) 탄전과 루르(Ruhr) 탄전의 석탄 속에서 포자가 발견되어 옛날의 포자나 화분에 관한 연구를 함으로써 과거의 식물의 번무(繁茂)상태를 추측할 수 있게끔 되었다.

흙 속에는 화분이나 포자뿐만 아니라 옛날에 날아 흩어져서 흙 속에 묻힌 여러 가지 미생물의 화석이 들어 있으므로 그것을 **파리놀로지** (Palynology)라고 부르게 되었다. 그 때문에 오늘날에도 4년에 한 번씩 열

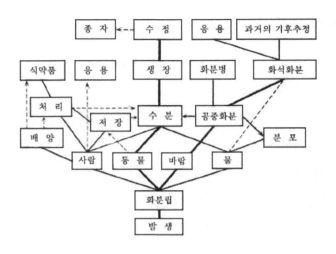

그림 16 | 화분의 여러 가지 연구 분야

리는 국제 화분학회에서 발표되는 연구는 대부분이 화분이나 포자의 형태, 분류 그리고 흙 속의 미생물 화석의 분포에 관한 연구이다. 물론 이들 연구에서 발전하여 화분의 화학적 성분이나 성질의 조사결과도 포함되어 있기는 하지만 이런 일들은 일부분에 지나지 않는다.

한편 필자가 주장하는 화분학, 즉 **폴래놀로지**(Pollenology)는 화분에 관해 모든 방면에서 연구하는 학문을 의미한다. 즉 화분이 꽃 속에서 태어나서 생활하다가 그 일생을 마치고 마지막에는 흙 속에 묻혀서 화석으로 되기까지의 모든 문제가 포함된다. 〈그림 16〉에 그 내용을 나타냈다.

오늘날 화분의 연구는 발생, 세포, 생리, 생화(生化), 육종, 의학 등 많은 분야의 연구자에 의해 진행되고 있으며 그 성과도 눈부신 바가 있다. 그래서 이런 것들을 화분학(Pollenology)으로 총칭할 것을 주장하는 바이다.

다소 이론적인 딱딱한 이야기가 되었지만 이상과 같은 역사적인 경위가 있기 때문에 적어도 현 시점에서는 파리놀로지는 화분학으로 번역된다.

Palynology의 세계는 현미경의 렌즈를 통해 전개된다. 여기에서는 「식물의 섹스」에 대한 이야기 속의 파리놀로지이므로 특히 파리놀로지의 주요 대상이 되는 화분에 초점을 맞추기로 한다.

사분자 화분

웅성 생식세포인 화분이 만들어지는 장소는 꽃 속의 수술에 붙어 있는 꽃밥 속에 있다. 꽃봉오리가 아직 봉오리라 부르지도 못할 만큼 작을 때—그 무렵에는 아직 꽃잎이 착색 되지 않았다—꽃밥 속에 **화분 모세포**(花粉母細胞)라 불리는 세포가 만들어진다. 이 화분 모세포는 세포분열에 의해 2개의 세포로 나누어지고 이들이 각각 또 두 개로 나누어져서 결국 4개의 세포가 되어 이들의 하나하나가 각각 화분으로 자라게 된다. 이리하여 하나의 화분 모세포에서 4개씩의 화분이 태어나는데 꽃밥 속에는 보통 많은 화분 모세포가 생기므로 네쌍둥이의 형제 화분이 몇 조씩 생기게 된다. 식물에 따라서는 철쭉 무리의 화분처럼 네쌍둥이의 형제가 등을 맞댄 채로 꽃밥에서 나오는 것이 있다. 이러한 화분을 특히 **사분자 화분**(四分子花粉)이라 부른다.

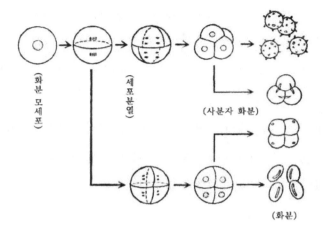

그림 17 | 화분의 탄생

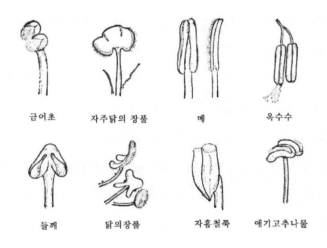

| 금어초 | 자주닭의 장풀 | 메 | 옥수수 |

| 들깨 | 닭의장풀 | 자홍철쭉 | 애기고추나물 |

그림 18 | 꽃밥의 열개

하나의 화분 모세포에서 4개의 화분이 생길 때 두 번의 분열 중 어느 쪽이든지 한쪽이 감수분열을, 다른 한쪽은 체세포 분열을 하기 때문에 화분의 염색체 수는 체세포의 반수로 되어 있다. 물론 나중에 난세포와 결합하여 다시 체세포와 동일한 염색체 수를 갖는 세포가 되지만 그때까지 화분의 세포는 반수인 채로 자라서 완전한 한 몫의 화분이 된다.

꽃밥은 꽃잎이 벌어진 직후에는 아직 닫혀 있다가 이윽고 갈라지는 부분에서부터 주머니의 벽이 바깥쪽으로 뒤집어짐으로써 화분은 자연히 밖으로 내밀린다. 따라서 완전하게 핀 꽃에서는 수술 끝에 화분덩어리가 붙어 있는 듯 보인다. 벼, 밀, 옥수수 등에서는 수술이 아래쪽으로 늘어지고 화분은 꽃밥에 있는 구멍을 통해 밖으로 쏟아져 떨어진다.

화분의 형태

꽃밥에서 나온 화분은 육안으로 볼 때는 단순한 황색가루로 보이지만, 현미경으로 확대해 보면 낱낱의 화분이 아주 복잡한 형태를 하는 데 놀라게 된다. 예를 들면 코스모스의 화분은 전신이 예리한 가시로 덮여 있다. 그것을 다시 전자현미경으로 관찰하면 가시의 기부(基部)에 작은 구멍이 많이 흩어져 있는 것을 볼 수 있다.

커다란 흰 원판 모양의 부분은 화분관을 내기 위한 발화구이다(〈그림 19〉 참조). 국화과 식물의 화분은 모두 이와 같은 날카로운 가시에 덮여 있으나, 백합과 식물의 화분은 전체가 길고 가느다란 그물코 모양의 무늬로 감싸여

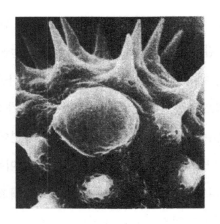

그림 19 | 코스모스의 화분(약 2만 배)

있으며 무늬의 일부가 소멸되고 골짜기와 같이 된 곳에 발아구가 있다.

　달맞이꽃의 화분은 뿔이 떨어진 삼각 모양으로 특별한 무늬는 볼 수 없으나 등산할 때 사용하는 자일과 같은 끈이 여러 개 달려 있다(〈그림 20〉 참조). 이것은 **원형질사**(原形質系)라고 불리는 것으로 화분이 곤충의 몸에 붙는 데 도움을 주는 것으로 생각된다. 채송화의 화분에는 무수한 작은 산과 분화구 모양의 작은 구멍이 산재해 마치 우주선의 창을 통해 바라보는 달세계의 광경을 방불케 한다(2장 도입부의 사진 참조).

　이와 같이 식물의 종류에 따라서 화분은 각각 독특한 형태를 가지므로 그 형태를 조사함으로써 무슨 꽃의 화분인가를 알 수 있다. 화분의 종류를 결정하거나 분류하거나 할 때 특히 중요한 지표가 되는 것은 크기, 표면의 무늬, 발아구의 형태와 수 그리고 속물(끈 또는 날개)의 유무 등이다.

[**화분의 크기**] 육안으로는 어느 화분도 동일한 크기의 가루처럼 보이지만 화분의 크기는 식물의 종류에 따라 상당히 다르다. 화분의 크기를 측정하려 할 때는 현미경 사진을 촬영하여 산출하거나 마이크로미터(Micrometer)라는 유리자를 현미경의 접안렌즈에 끼우고 측정하는 방법을 쓴다. 지름의 크기에 따라서 화분을 대별하면 다음과 같다.

(1mm의 1/10 이상) 나팔꽃, 분꽃, 호박, 옥수수, 달맞이꽃, 양하, 당아욱, 바나나, 박 등.

(1mm의 1/10~1/20) 오이, 채송화, 수세미, 세비름, 사프란, 닭의 장물, 개사간 등.

(1mm의 1/20~1/50) 은행, 매실, 완두, 비자, 코스모스, 사루비아, 은방울

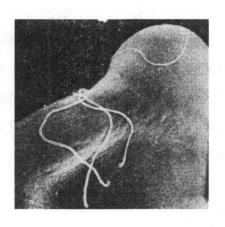

그림 20 | 달맞이꽃의 화분 (약 2만 배)

꽃, 자작나무, 동백, 오리나무, 복수초, 개양귀비, 홀아비꽃, 모과 등 많은 화분.

(1mm의 1/50~1/100) 수국, 떡쑥, 돼지풀, 포플러, 빈도리, 앵초, 호두, 미류나무 등.

(1mm의 1/100 이하) 왜지치, 갯지치, 물망초 등.

이상에서 알 수 있듯이 화분의 크기와 식물의 크기 사이에 직접적인 관계는 없다. 예를 들면 식물체가 큰 수목의 꽃은 일반적으로 작은 화분을 만든다. 또 풍매화의 화분이라고 해서 반드시 작은 것은 아니다. 그 예로서 옥수수는 전형적인 풍매화이지만 그 화분은 1mm의 1/10로 큰 화분에 속한다.

〔**표면의 무늬**〕 화분은 세포의 일종으로 모체에서 떨어져서 단독으로 외기에 접하거나 곤충의 몸에 붙기도 하기 때문에 보통 세포의 세포막(벽)의 바깥쪽에 해당되지만 또 다른 한 층의 단단한 외막(회벽)에 둘러싸여 있다. 이 외막은 부분적으로 살이 쪄서 두꺼워짐으로써 개성 있는 무늬를 형성하고 있다. 화분의 외막의 무늬는 알갱이 모양(粒狀), 그물코 모양(網目狀), 가시 모양(刺狀), 유선 모양(流線狀)으로 대별되지만 같은 무늬라도 그 형태의 대소나 배치상태 등에 각기 특색이 있다.

— 알갱이 모양의 화분 —
식나무, 낙엽송, 보리수나무, 참깨, 수련, 겨우살이 등.

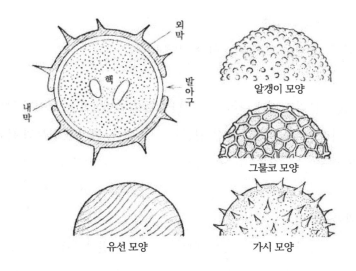

외막

핵

발아구

내막

알갱이 모양

그물코 모양

유선 모양

가시 모양

그림 21 | 화분의 외막(벽)의 여러 모양

— 그물코 모양의 화분 —

　(가는 그물코) 은행, 명아주, 밀, 제비꽃, 소철, 양귀비, 오이풀 등.

　(거치른 그물코) 노송나무, 괭이밥, 월귤, 콩철포백합, 산나리, 봉선화,

　이삭여뀌, 팥 등.

— 가시 모양의 화분 —

　(짧은 가시 모양) 주목, 차전초, 상수리나무, 자고, 삼나무, 끈끈이대나

　물, 채송화 등.

　(긴 가시 모양) 엉겅퀴, 호박, 코스모스, 국화, 해바라기, 무궁화, 접시꽃,

　개망초, 머위, 떡쑥, 초롱꽃, 끈끈이주걱 등.

─ 유선 모양의 화분 ─

나팔꽃, 산벚꽃, 사과, 아그배나무, 박쥐나무 등.

이들 화분의 표면에 나타나는 무늬는 물론 육안으로는 보이지 않으며 광학현미경으로도 미세한 점을 관찰할 수는 없다. 따라서 화분의 분류나 형태의 연구에는 주사(走査) 현미경을 사용하는 경우가 많다(그림 19, 20).

[발아구]

화분이 발아할 때 화분관을 내보내는 구멍을 발아구(孔)라 한다. 발아구에는 원형 이외에 긴 원형(長円形), 도랑 모양(溝狀) 등이 있고 그 수나 형상에는 다음과 같은 종류가 있다.

─ 원형의 발아구를 가진 화분 ─

1개 ─ 벼, 밀, 옥수수, 삼나무

2개 ─ 산사나무, 쥐꼬리망초

3개 ─ 치자나무, 달맞이꽃, 버들란, 초롱꽃

4개 ─ 협죽도, 잔대, 모시대

5~6개 ─ 느티나무, 오리나무

10개 전후 ─ 호박, 질경이, 택사, 꿩의다리

다수 ─ 명아주, 맨드라미, 개미자리

— 긴 원형의 발아구를 가진 화분 —

1개 — 산나리, 소철, 은방울꽃, 달개비, 삼백초, 연꽃

2개 — 마, 물옥잠, 물달개비

3개 — 튤립

— 도랑 모양의 발아구(溝)를 가진 화분 —

2개 — 자주꽃방망이, 홍만병초

3개 — 무, 냉이, 오동나무, 남촉, 마름

4개 — 봉선화, 당아욱

6개 — 도라지, 들깨, 살비아, 괭이밥

화분의 형태에는 이 밖에 발아구의 위치, 돌출 정도, 부속물 등의 특징
이 보인다. 또한 대부분의 화분은 황색이지만 어떤 것은 등황색(橙黃色), 갈
색, 자색, 백색도 있다. 화분의 형태학자인 이쿠세(1956)는 일본 식물의 화
분을 〈그림 22〉와 같이 정리하여 화분의 타이프를 숫자와 기호로써 나타
내려고 했다. 이 표에 의하면 예컨대 1B는 구상(球狀)으로 유선무늬를 지
닌 화분을 나타내며, 7A는 두 개씩 화분이 밀착해 있는 것을 나타낸다. 이
밖에 린네(Linne 1707~1778)의 식물분류법과 같이 화분 독자의 과(科), 속
(屬), 종(種)을 만들어 화분을 분류하고 정리하는 방식도 고안했다.

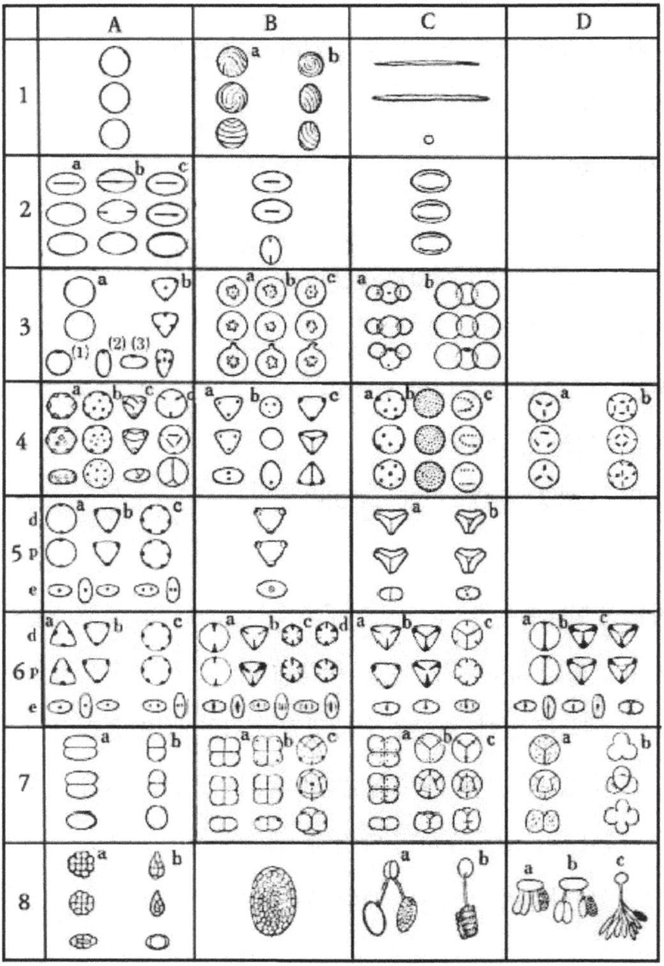

그림 22 | 화분의 형식(이쿠세 1956)

공해의 해결법

화분의 표면에 보이는 여러 가지 무늬는 외막의 비후(肥厚) 정도에 따라서 나타나는 것이지만 외막이라는 것은 세포막이 아니고 세포막의 다시 바깥쪽에 만들어지는 특수한 막이다.

외막은 화분의 세포를 보호할 뿐만 아니라 화분이 곤충의 몸에 부착하거나 바람에 날리는 데 도움이 된다. 화분의 외막의 큰 특징은 분해되기 어렵다는 점이다. 바꿔 말하면, 외막은 화학적으로 안정되어 있다. 세포를 구성하는 보통물질은 약산이나 알칼리 또는 효소로 분해되지만 화분의 외막은 염산이나 초산, 가성소다에 넣어도 분해되지 않는다. 불화수소에 넣어도 녹지 않으며 왕수에 넣어 끓여도 분해하지 않는다. 물론 효소에 의해서도 파괴되지 않는다. 이 외막을 구성하는 것은 스포로폴레닌(Sporopollenin)이라는 물질인데 탄소수가 90이고 수소와 산소를 지니는 고분자 탄소화합물이다.

화분의 외막이 물리적으로 상당히 유연하다는 것은 화분이 팽창하거나 수축하는 것으로도 알 수 있다. 태우면 재가 되지만 지금까지 생물체에서 볼 수 없었던 특수한 원소는 가지고 있지 않다. 물론 불에 태워도 유독가스는 나오지 않는다.

최근에 와서 플라스틱 제품의 공해가 큰 문제가 되었는데 만약 화분의 외막과 같은 물질이 대량으로 만들어질 수 있게 된다면 이와 같은 공해문제는 간단하게 해결할 수 있을 것이다. 또한 그와 같은 재질의 판자나 기둥으로 가옥이나 빌딩을 세운다면 몇천 년이고 몇만 년이고 썩지 않고 남

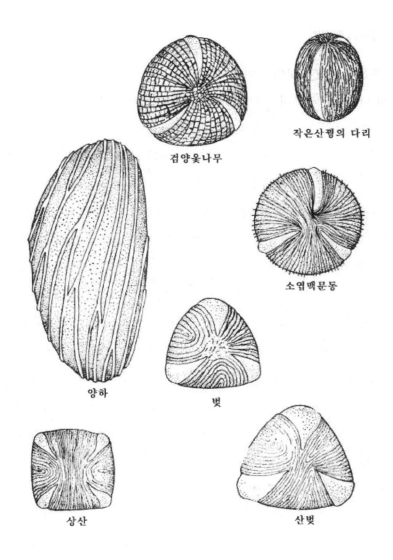

검양옻나무

작은산꿩의 다리

소엽맥문동

양하

벚

상산

산벚

그림 23 | 여러 가지 화분(1)

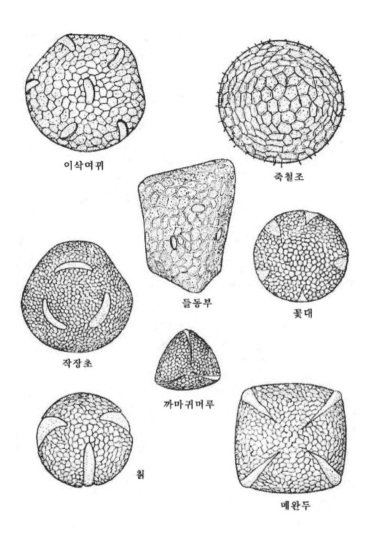

이삭여뀌

죽절초

들동부

꽃대

작장초

까마귀머루

쥐

메완두

그림 24 | 여러 가지 화분(2)

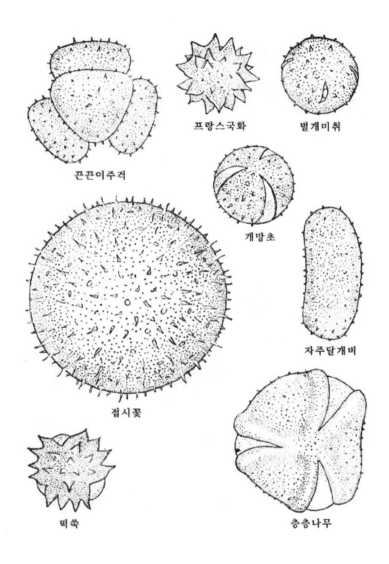

끈끈이주걱

프랑스국화

벌개미취

개망초

자주달개비

접시꽃

떡쑥

층층나무

그림 25 | 여러 가지 화분(3)

아 있을 것이다.

화분은 보통의 세포와는 달라서 곤충의 몸에 붙거나 바람에 날려가는 등 상당히 거칠게 다루어지기 때문에 바깥쪽이 튼튼한 막으로 둘러싸여 있어야 한다는 것은 누구나 이해할 수 있지만 왕수로 끓여도 녹지 않을 정도의 견고한 막을 지닐 필요는 없을 것으로 생각된다. 아마도 자연히 만들어지는 것이리라. 화분 자신도 그와 같이 특수한 물질을 합성할 수는 있어도 분해하는 방법까지는 모르는 것 같다. 그 증거로 만약 화분이 효소 등을 사용하여 외막을 분해할 수 있다면 외막을 녹여서 거기서부터 화분관을 내보내면 될 듯한데도 화분은 처음부터 외막에 구멍(발아구)을 뚫어놓고 그 구멍으로부터 화분관을 벋는 방법을 취한다. 그리고 화분 속에는 외막을 녹이는 효소가 들어 있지 않다.

죽어서도 막을 남기다

화분의 외막이 어째서 화학적으로 안정되어 있느냐는 문제는 우선 접어두고 그런 현상이 자연과 어떤 관계를 갖는가에 대하여 생각해 보기로 하자. 화분 가운데서도 특히 풍매화의 화분은 한 번에 다량의 화분을 생산하여 공기 속에 방출한다. 예를 들면 20㎝ 정도의 꽃이 달린 삼나무의 작은 가지에서 방출되는 화분의 수는 10억 개 이상에 달한다. 한 그루의 삼나무에는 그런 가지가 수십 개, 수백 개가 있으므로 삼나무 숲에서 공기 속으로 나오는 화분의 수는 한이 없을 정도이다. 이들 화분의 극히 일부분

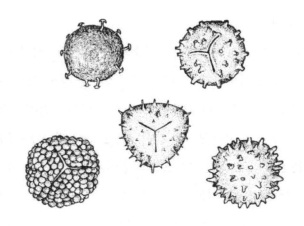

그림 26 | 흙 속에서 발견되는 3억 년 전의 포자('포자와 인간'에서)

은 암술에 도달하여 종자를 만들지만 다른 대부분의 화분은 얼마 동안 공기 속을 떠돈 후에 지표면에 떨어져서 긴 세월이 지나면 흙에 파묻힌다.

흙 위에 떨어지거나 흙 속에 들어간 화분의 내용물, 즉 세포질이나 핵, 세포막은 간단히 분해하여 무기물이 되지만 화분을 감싸는 외막만은 언제까지고 분해하지 않고 흙 속에 남아 있다. 왕수로 끓여도, 불화수소에 담가도 녹지 않는 이 외막은 몇천 년이고, 몇만 년이고 때로는 몇억 년이고 흙 속에 묻혀 있다.

외막에는 포자나 화분의 종류를 나타내는 여러 가지 무늬와 발아구가 있으므로 외막의 형태를 현미경으로 조사함으로써 일찍이 그 땅에 어떤 식물이 자랐었는가를 알 수 있다. 또 식물의 생육은 기후와 밀접한 관계를 가졌기 때문에 과거의 그 지방의 기후변화를 알 수도 있다.

이런 일들을 **화분분석**(花粉分析)이라 부른다. 화분분석은 오늘날 파리놀로지의 학문 중에서도 가장 중요한 위치를 차지한다.

또 이 화분의 외막의 형태를 관찰하는 화분분석의 일은 과거의 지구의 식생(植生)이나 기후를 조사하는 데 도움이 될 뿐 아니라 오늘날에는 지하자원의 개발에도 중요한 역할을 한다. 바로 화분은 죽어서 막을 남기는 셈이다.

화분분석

화분분석이라는 말을 처음 듣는 사람은 화분이 어떤 물질로 되어 있는가를 화학분석하는 일로 생각할 것이다. 그러나 화분분석은 성분을 분석하는 것이 아니라 흙 속에 어떤 종류의 화분이 어느 정도의 비율로 포함되어 있는가를 조사하는 일이다. 흙 속의 화분을 조사한다고 해도 그저 흙을 채취해 현미경으로 관찰하는 것만으로는 화분을 찾을 수는 없다. 화분분석 방법의 요점은 다음과 같다.

1. 화분을 함유하는 흙의 채취

오래된 지층이 드러난 곳(사태나 단지를 조성한 후)에서는 지표에서부터 1~5㎝의 간격으로 흙을 채취한다. 습원지 등의 연한 땅 밑의 화분분석을 하는 데는 시추기를 사용하여 여러 깊이의 흙을 파낸다. 채취한 흙은 건조시킨 다음 잘게 쇠도가니로 부수어 체로 쳐서 가루 모양으로 만든다.

그것에 화학처리를 하여 불필요한 것을 제거하고 되도록 화분의 외막만 남도록 한다.

2. 화학처리

(연한 흙의 경우) 가성칼리 10% 액에 수 시간 담갔다가 물로 씻는다. 다음에 빙초산에 같은 시간을 담가서 물로 씻은 후 다시 농황산과 무수초산의 9:1의 혼합액에 담근 후 물로 씻는다.

(석탄의 경우) 앞에 적은 처리를 하기 전에 농초산과 염소산칼리의 혼합액에 12시간을 담가 두었다가 물로 씻은 후 10%의 가성칼리액 속에 넣는다.

(암석의 경우) 먼저 불화수소 속에 여러 시간 담가 두었다가 10%의 가성칼리액 속에 넣어 앞의 방법대로 씻어서 처리한다.

3. 봉입, 관찰

화학처리를 해서 여분의 것을 제거한 나머지를 슬라이드 글라스에 놓고 그 위에 봉입제(예, 메틸그린; Methyl Green, 글리세린젤리; Glycerine Jelly)를 떨어뜨리고 커버 글라스를 덮는다. 이 프레파라트를 현미경으로 관찰하여 화분의 수와 종류를 기록하고 그래프에 퍼센트로 표시한다.

〈그림 27〉은 일본의 오세케하라의 습원지 밑 흙 속의 화분분석의 결과를 가리킨다. 화분분석학자인 호리(1957)는 이 결과를 토대로 일본 중부지방의 기후가 과거에서 현재까지 다음과 같이 변화해 왔다고 추정했다.

소나무 화분이 많다 — 약간 따뜻하다
졸참나무 화분이 많다 — 따뜻하다

가문비나무 화분이 많다 — 춥다

졸참나무 화분이 많다 — 따뜻하다

가문비나무 화분이 많다 — 춥다

러시아(구소련)나 미국에서는 화분분석 결과를 전자계산기로 처리하는
등 대규모의 조사를 하는데 이것은 지하자원의 개발에 활용하는 한편 화
분분석의 결과가 식물의 진화나 지구의 역사를 밝히는 실마리가 될 것으
로 생각되기 때문이다.

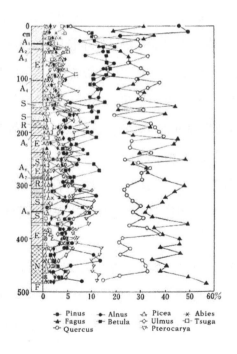

그림 27 | 일본 오세케하라 습원지의 화분분석 결과(호리, 1957)

중령의 탄식

「군의관님. 환자가 또 두 명이나 늘었습니다. 어떻게 빨리 적절한 조치를 취해 주실 수 없을까요.」

군의관인 맥도널드 중령은 요코하마에 온 후로 이처럼 우울한 날을 보낸 일이 없었다.

「대체 무슨 일이람. 내가 부임한 뒤 지금까지 한 사람도 환자다운 환자라곤 발생하지 않았었는데.」

그렇게 중얼거리며 중령은 연달아 담배 연기를 뿜어냈다. 생명이 좌우될 만한 중한 병증도 아니고 환자가 콧물을 많이 흘리며 재채기를 연발하는 것을 보고는 그는 「화분병이 아닐까?」하고 예측했다. 그러나 중령이 초조해하는 것은 일본 정부에 이 지역의 공중화분의 데이터를 제출해 달라고 요청했는데도 오늘까지 아무 답도 없기 때문이었다.

「아군의 공습으로 데이터가 모두 불타 버렸는지도 몰라. 그러나 지하실 어딘가에는 남아 있을 법도 한데.」

그렇게 생각하면서 그는 직접 지프를 몰고 후생성(厚生省)으로 갔다.

그날 밤 중령은 위스키를 들이키면서 젊은 군의관들에게 경악과 분통을 터뜨렸다.

「이런 멍청한 일이 있담. 후생성 직원들조차 "공중화분이 대체 무엇입니까?"라고 말하지를 않나. 의사들에게 물어보아도 모른다고 하고. 저 영식(零式)전투기와 전함 야마토(大和)를 만든 일본 사람들이 공중화분을 모른다니……」

그림 28 | 미국의 화분지도의 한 예 (내륙지방에 많고 연안지방에 적다)

　위의 이야기는 사실을 소재로 한 필자의 창작이다. 전후 일본에 주둔한 미군 장병 중에 천식증 질병이 발생한 것은 확실하고, 군이 일본 정부에 공중화분의 데이터를 제시하도록 요구한 것도 사실이다. 그러나 끼니조차 거르며 간신히 전쟁을 계속해 온 당시의 일본인에게는 B29의 편대에 쫓겨 다니기가 고작이었으므로 공중화분의 조사 따위는 안중에도 없었다.

　한편 미국은 약 50년 전부터 정기적으로 공기 속의 화분량과 종류를 조사하여 각지의 화분지도를 만들어 놓고 있었다. 물론 공중화분의 해(화분병)를 벗어나기 위해서였다. 그 당시 주일미군들 사이에 발생한 원인불명의 천식증 같은 질병은 화분병이 아니라 공장의 매연 때문이었던 것 같지만 그와 비슷한 환자가 발생하면 곧 "화분병이 아닐까?"하고 생각한 것은 미국 사람이 아니고서는 상상할 수 없었던 일이다.

공중화분의 조사

미국에서는 전부터 화분관측소를 만들고 비행기로 그물을 끌고 다니며 공기 속의 화분을 채집하는 등 대규모의 조사를 한다. 그러나 일본에는 지금도 공중화분의 전문가가 한 사람도 없는 형편없는 상태이다. 일본에서의 공중화분에 관한 연구는 하라(1935)가 삿포로 등에서 한 화분의 비산조사 작업과 필자(1956)가 5월부터 8월 중순까지 요코하마 지역의 공기 속 화분량과 그 종류를 조사한 일을 시작으로 그 후 각지에서 공중화분의 조사가 실시되었지만 공중화분에 대한 식물학자의 관심은 여전히 낮아 오늘날에도 주로 알레르기의 연구자에 의해 조사되고 있다.

공중화분은 식물이 무성한 장소뿐만 아니고 도쿄나 오사카 등 대도시의 시가지역의 공기 속에도 함유되어 있다. 이것은 화분이 바람을 타고 멀리 날아가기 때문이다. 예를 들면 토호(東邦)대학의 이쿠세(1961)는 지표에서 2m인 곳과 20m인 곳에서 공중을 나는 화분의 양에 차이가 없다는 것을 관찰했고, 도쿄 타워의 전망대(지상 135m)의 창밖의 공기 속에서 돼지풀을 비롯해 17종의 화분을 채취했다.

공중화분의 조사는 천기도를 만들 때와 마찬가지로 각지에서 많은 사람들에 의해 조사되지 않으면 의미가 없다. 공중화분의 조사에 관심을 가진 독자를 위하여 최근에 요코하마 시내의 고교생들이 학교(아사노 고교)의 옥상에서 조사한 방법과 결과를 소개한다.

화분채취대에 백색 바셀린을 바른 슬라이드 글라스를 놓고 24시간 동안 옥외에 방치했다가 슬라이드 글라스에 칼벨라(Calbella)액(글리세린=5cc,

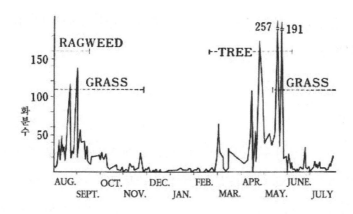

그림 29 | 1년간의 공중화분량의 변화[요코하마, 이시가와(石川), 1972]

95%의 에탄올=10cc, 증류수=15cc, 포화푸크신용액=2방울)을 떨어뜨려 커버 글라스를 덮은 다음 화분량과 종류를 조사했다. 〈그림 29〉의 그래프가 그 결과이다. 가장 많은 화분이 채취된 것은 5월 17일, 277개(3.24㎠ 중)였다.

10년도 더 전에 필자가 대학의 교정에서 조사했을 때도 1㎠ 중에서 최고 260개의 화분이 채집된 적이 있다. 손가락 끝만한 면적에 수백 개의 화분이 내려앉는 것으로 보아 공기 속에 얼마나 많은 양의 화분이 들어 있는지 짐작이 갈 것이다. 그렇기 때문에 화분이 바람을 타고 암술머리에 붙을 수가 있는 것이다.

한편 잠시도 쉬지 않고 공기를 들이마시는 우리는 이 화분을 공기와 함께 허파 속으로 빨아들이는 셈이다. 그러나 이 화분은 알갱이 하나하나가 살아 있기 때문에 우리의 신체가 화분에 의해 피해를 받는다고 해도 결코 이상할 것이 없다. 그것이 바로 화분병 또는 화분증(花粉症)이라고 불리는 병이다.

화분병

공기 속의 화분이 원인이 되어 일어나는 알레르기성 질환을 화분병(또는 화분증)이라 총칭한다. 화분병은 영국의 보스토크(Bostock, 1819)에 의해 발견되었다. 처음에는 오리새풀 등의 목초를 벨 때 흩어져 날아가는 화분이 인체에 해를 주는 것에서 고초병(枯草病)이라고 불리었다.

그 후 브라클레(1873)는 팔에 화분을 문지르면 두드러기와 같은 증상이 나타나고, 화분을 코로 들이마실 때도 같은 증상이 일어나는 것을 확인했다. 또 웨이만(1872)은 미국 내륙지방에서 가을에 유행하는 천식증이 돼지풀의 화분을 흡입하여 일어난다는 것을 밝혔다. 그 후 화분병은 알레르기의 일종으로서 세상에 알려지고 특히 미국에서는 감기나 천식 정도의 극히 일반적인 병이 되었다.

일본에서 화분병의 실체는 오늘날에도 충분히 밝혀지지 않은 상태이지만 전후 미국으로부터 귀화한 돼지풀이 근년에 급속히 번식했기 때문에 공중화분의 해가 주목받게 되었고, 그와 함께 일본 재래식물의 화분에 의한 화분병도 적발되기 시작했다. 예를 들면 도쿄 의과대학의 호리구치(1964) 등은 예로부터 닛코(日光) 지방에 알려진 닛코천식이 삼나무 화분에 의한 화분병임을 밝혀냈다.

삼나무 외에도 노송나무, 오리나무, 자작나무류의 화분이 화분병의 원인이 되는 것으로 생각되는데 소나무 화분은 공기 속에 비교적 많이 존재하지만 인체에는 해를 주지 않는 것 같다. 일본인의 감기나 천식의 몇 퍼센트는 화분병일 것이라고 추정하는 연구자도 있지만 화분병의 독자적인 증상이 적기 때문에 이들의 구별이 어렵다.

마지막으로 「만약 나도 화분병이 아닐까?」 하고 생각하는 사람을 위해 화분병에 걸리기 쉬운 시기와 주된 증상을 다음과 같이 들어 본다.

[화분병에 걸리기 쉬운 시기]	[화분의 종류]
2~4월	삼나무, 편백나무
5~6월	오리새풀, 큰조아재비
9~10월	돼지풀, 환삼덩굴

[증상]
1. 눈이 가렵고 눈물이 자꾸 나온다.
2. 재채기를 연발하고 물 같은 콧물이 나온다.
3. 코가 막히고 기분이 좋지 않다.

벌꿀은 꽃의 꿀이 아니다

병에 대한 이야기는 이 정도로 하고 도움이 될 화분 이야기를 하기로 하자. 벌꿀을 먹으면 건강에 좋다고 한다. 벌꿀 속에는 각종 당 외에 아미노산, 비타민류, 효소 등이 다량으로 함유되어 있으므로 인체의 발육에 유효하지 않을 턱이 없다.

그런데 많은 독자들은 벌꿀은 벌이 꽃의 꿀을 모은 것이라고 생각할 것이다. 과연 벌꿀은 꽃의 꿀일까?

　벌꿀에는 당 외에도 여러 가지 영양분이 들어 있지만 꽃의 꿀을 화학 분석해 보면 대부분이 당이고 아미노산도 비타민도, 효소도 거의 들어 있지 않다. 그 당만 하더라도 벌꿀의 당은 포도당과 과당이 대부분인데 꽃의 꿀은 서당이 많다. 예를 들면 채송화꽃의 꿀은 서당뿐이고, 튤립, 수선화 등의 꿀은 대부분이 서당이고 포도당과 과당이 조금씩 들어 있다. 따라서 성분상 벌꿀과 꽃의 꿀은 전혀 별개의 것이다.

　그런데 서당은 포도당과 과당이 결합한 것이다. 반대로 말하면 서당을 효소로 분해하면 포도당과 과당이 된다. 우선 이것을 염두에 두고 다음의 실험 이야기를 읽어 주기 바란다.

　꿀벌을 쇠그물로 만든 상자 안에 넣고 먹이를 전혀 주지 않고 기른다. 하루 반쯤 지나면 꿀벌은 배가 고파서 생리적인 기아상태에 빠져든다. 이 벌에 서당액을 주면 잔뜩 빨아 먹고는 몸이 무거워져서 날지도 못하게 된다. 그다음 서당액을 빨아먹은 꿀벌의 밀위(密胃; 꿀을 저장해 두는 위)에 가느다란 주삿바늘로 찔러서 액을 빼내 크로마토그래피로 조사하면 처음에는 서당만 나타나지만 차츰 서당이 감소하고 포도당과 과당이 나타난다. 벌이 위 속에 서당 분해효소인 인베르타아제(수크라아제)를 분비하기 때문이다. 밀위 속에는 효소 외에 아미노산 등의 물질도 분비된다.

　다음으로 시험판에 서당액을 5㎖를 넣고 그 속에 0.1g의 화분(예, 산나리)을 넣은 다음 일정한 시간 간격으로 그 당액을 조금씩 꺼내어 크로마

그림 30 | 꿀은 꿀벌이 만든 식품

토그래피로 조사하면 서당은 급속히 없어지고 포도당과 과당이 된다. 화분에서 나온 인베르타아제에 의해 서당이 분해되기 때문이다. 또 그 당액 속에는 화분에서 알라닌, 프롤린, 글루탐산 등의 아미노산이 나온다.

한편 꽃에서 방금 날아오른 벌의 밀위 속을 보면 꽃의 끝과 더불어 대량의 화분이 들어 있다. 꿀벌은 그것을 벌집에 저장하므로 시판하는 벌꿀에는 많은 화분이 들어 있다. 예를 들면 벌꿀 연구가인 나카야마(1952)에 의하면 자운영의 꿀 1g 속에는 11만 개의 화분이 들어 있고, 마에다(1972) 등의 조사에 의하면 시판하는 벌꿀 속에는 삼나무 등의 풍매화의 화분도 혼입되어 있다고 한다. 또한 벌꿀 속의 아미노산은 프롤린이 많지만 화분의 아미노산도 프롤린이 많은 것으로 알려져 있다.

결론부터 말하자면, 벌꿀은 꽃의 꿀이 아니다. 꿀벌은 꽃의 꿀을 원료로 하여 그것에다 자기의 분비물을 첨가하고 또 화분에 들어 있는 물질을 보냄으로써 영양가 높은 식품을 만들어 낸다. 그것을 우리는 벌꿀이라 부르는 것이다.

화분경단

꿀벌이 화분을 꽃에서 벌집으로 운반할 때 가루의 상태로는 운반하기 곤란하기 때문에 화분을 꽃의 꿀로 굳혀서 작은 공 모양의 화분덩어리를 만들어 양다리에 붙이고 날아간다. 그것이 화분경단이다. 화분경단이 꽃

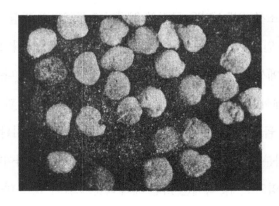

그림 31 | 꿀벌이 모은 화분경단

의 꿀로 뭉쳐져 있다는 것은 당의 조성을 살펴보면 알 수 있다. 예를 들어 채송화의 꿀은 서당뿐이지만 화분에 들어 있는 당은 과당과 포도당이다. 화분경단의 당을 조사해 보면 서당과 포도당 그리고 과당이어서 꼭 화분의 당과 꿀의 당을 합친 것으로 되어 있다.

화분경단의 크기는 꽃의 종류나 벌이 꽃을 찾았을 때의 상태(密胃 속의 꿀의 양이나 벌집에서 꽃까지의 거리 등)에 따라서도 다르지만, 지름이 약 2㎜로 한 종류만의 화분으로 만들어지는 경우와 두세 종류의 화분이 섞여서 만들어지는 경우가 있다. 무게는 10~25㎎이고 꿀이 적은 꽃의 경우에는 커다란 화분경단을 만들고 꿀이 많은 꽃에서는 작은 화분경단을 만드는 경향이 있다.

꿀벌은 화분을 벌집에 저장하여 식량으로 사용하는데, 화분을 모으는 곤충은 꿀벌만이 아니다. 코방울벌은 체장이 5~6㎜로 꿀벌의 반도 안 되

그림 32 | 배 밑의 화분경단을 먹고 자라는 코방울벌의 유충

는 작은 곤충이다. 잔디밭의 흙 속에 구멍을 파고 술병 모양의 벌집을 만들어 산다. 이 코방울벌은 꽃에서 열심히 화분을 운반하여 벌집 속에 커다란 화분경단을 만든다. 그리고 경단이 만들어지면 그 위에 알을 하나 낳아 놓는다. 마치 눈사람 위에 귤을 얹어 놓은 모양이다. 알에서 부화한 유충은 자신의 배 밑의 화분경단을 먹으면서 성장한다(〈그림 32〉 참조). 이렇게 자란 코방울벌의 성충은 집에서 나와 구멍을 파고 새로운 집을 만들고는 화분경단을 만들고 알을 낳는다.

화분을 먹는다

"화분을 먹는다"고 해도 꿀벌이나 코방울벌의 이야기가 아니고 사람이 화분을 먹는 이야기이다. 앞에서 말한 바와 같이 벌꿀에는 화분이 많이 들어 있기 때문에 우리는 모르는 사이에 화분을 먹는 것이 되는데 특히 꽃에서 화분을 모아서 그 성분을 식품이나 약품에 이용하려고 연구를 추진하는 사람들이 있다.

화분이 암술에 닿아서 발아하고 자라지만 화분관은 화분의 지름의 수천 배의 길이에 달한다. 이것만 생각해봐도 화분이 달리 예를 찾아볼 수 없을 만큼 활력이 풍부한 세포임을 알 수 있다. 화분 속에는 보통 세포의 몇 배의 당이나 아미노산이 들어 있고 단백질, 비타민, 효소류도 많다. 적어도 잎이나 줄기, 뿌리를 먹기보다는 화분을 먹는 것이 훨씬 영양가가 높다. 실제로 사료에 화분을 섞어서 쥐나 닭에게 주면 체중이나 간장의 무게가 늘었다는 실험례도 적지 않다. 이미 유럽과 미국에서는 화분이 든 식품과 화장품이 시판되고 있다. 또 화분을 먹으라고 권장하는 책도 출판되어 있다.

화분주스는 일본의 오렌지주스처럼 비닐주머니에 들어 있어 컵에 넣어 물로 녹여 마시는 것 외에도 통조림 덕용품(德用品)도 만들어 내고 있다. 또 화분을 넣은 초콜릿이나 음료수가 시험 제조되고 있지만 아직은 상품으로 나와 있지는 않다.

「화분은 식물의 웅성 생식세포라고 하니까 강정제 정도는 가능하겠지만 화분을 모으는 일이 큰일일 것이다」라고 생각하는 사람을 위하여 화분의 대량 채취 방법을 알려주겠다. 꿀벌 통 앞에 벌이 가까스로 통과할 수 있는 작은 구멍을 많이 뚫은 플라스틱 관을 두고 벌이 반드시 그 구멍을 통해 벌통 안으로 드나들게 만든다. 양다리에 화분경단을 달고 집으로 돌아온 꿀벌은 운동회 때 사다리 사이를 빠져나가는 아이들처럼 구멍을 통해 벌통 안으로 들어간다. 그때 다리에 붙어 있는 화분경단을 플라스틱판 아래로 똑똑 떨어뜨린다. 이 방법을 통해 필요하다면 화분을 몇 톤이고 모을 수가 있다. 또 화분에는 미지의 항생물질도 들어 있다고 한다.

오늘날 화분학에 대해 쓴 책은 전 세계에 수십 종이나 되지만 그것은 대부분 전문가들을 위한 화분이나 포자의 자세한 분류법이나 각지의 화분분석 결과를 정리한 것들이다. 이런 문제들은 전문연구가 이외의 사람들에게는 별로 흥미가 없는 것이므로 마지막으로 화분학에 관한 몇 가지 에피소드를 살펴보고 이 절을 끝내기로 한다.

흰 벽의 오물

「그런 이유로 꼭 선생님께 감정을 부탁드리고 싶습니다.」

「알겠습니다. 잠시 기다려 주세요.」

오카모도 교수는 남자가 가져온 종이 위에 흐트러져 있는 오물덩어리 중 하나를 슬라이드 글라스 위에 얹고 메틸렌 블루의 염색액을 떨어뜨려 현미경 아래에 놓았다. 커버 글라스를 위에서 가볍게 두들기듯이 하면서 현미경 속을 들여다보던 교수는 1분도 채 지나지 않아,

「틀림없습니다. 꿀벌의 배설물이에요. 공연한 소동을 벌이게 했군요. 자, 보세요.」

하며 현미경의 렌즈 속을 가리켰다. 교수가 말한 "공연한 소동"이란 어느 철도변의 농가창고의 흰 벽에 최근에 많은 양의 검은 비말이 붙기 시작한 것을 보고,

「혹시 전철의 화장실에서 튕겨 나온 오물이 아닐까?」라는 말이 나돌기 시작하여 널리 퍼지자 「이래서야 철로변 주민들이 참을 수가 있겠나」라는 말을 듣고 나서게 되었는데, 어떤 사람이 「어쩌면 이것은 꿀벌의 배설물이 아닐까?」라는 말을 하면서 주민대표가 꿀벌의 전문가인 오카모도 교수에게 그 오물의 감정을 의뢰하러 왔던 것이다.

꿀벌은 꽃의 꿀을 빨아먹는 동시에 화분도 먹는다. 화분의 외막은 소화기관을 통과한 정도로는 분해하지 않기 때문에 꿀벌의 배설물은 화분의 외막덩어리라고 해도 좋을 정도이다.

어쨌든 자칫하면 사회문제로까지 될 뻔했던 이 흰 벽의 오물사건은 꿀벌의 집을 다른 곳으로 옮기는 것으로써 무사히 해결되었다.

초식성 맘모스

화분분석학자인 가와사키 씨가 러시아(구소련)의 학자로부터 들은 이야기이다. 1948년 여름, 북극권의 생물조사를 하던 일행은 어느 날 에니세이(Enisei)강 북동쪽에서 얼음 위에 쓰러진 맘모스 한 마리를 발견했다. 아이소토프에 의한 연대 조사로 3만 년 전의 것임을 알아냈지만 죽은 지 얼마 안 되는 것처럼 생각될 정도로 몸이 완전했다. 입에는 먹던 풀이 물려 있었고, 혈판 속에는 붉은 피가 얼어붙어 있었고, 음경(陰莖)이 부풀어 있는 등 생생한 모습이었다.

맘모스의 위 속에는 200kg의 풀이 들어 있었기 때문에 즉시 화분분석을 했다. 그 결과 암모스의 위 속의 화분의 태반이 큰조아재비임을 알았다. 더욱이 그 화분은 완전히 성숙하지 않은 봉오리 상태의 화분이었다. 이러한 결과로 조사대의 일행은 다음과 같은 결론을 내렸다.

1. 이 초식성 맘모스는 3만 년 전에 어떤 돌발사고로 죽었다.
2. 당시 그 지방에는 큰조아재비가 번식했으며 상당히 따뜻한 기후였다.
3. 이 맘모스가 죽은 것은 초여름경이었다(화분이 미숙했으므로).

네안데르탈인의 마음

네안데르탈인은 지금으로부터 4~12만 년 전에 지구에 살았던 구인(舊人)이다. 이라크의 샤니달 동굴에서 약 6만 년 전으로 생각되는 네안데르탈인의 무덤을 발굴하던 미국의 소레키는 뼈 주위의 흙 속에 화분이 많이 섞여 있는 것을 발견했다.

그림 33 | 맘모스 위 속의 화분분석

곧 화분분석 전문가가 조사해 보았더니 그것들은 톱풀 등 8종류의 식물의 화분인 것으로 밝혀졌다. 그러나 동굴 속은 캄캄하기 때문에 식물이 자라고 있었을 턱이 없다. 바람에 날려 온 것으로 치더라도 화분이 너무 많았고 더군다나 한군데 뭉쳐 있다는 것은 어딘가 이상했다. 소레키가 모든 각도에서 검토한 결과 네안데르탈인이 죽은 사람에게 꽃다발을 바친 것이었다. 그 꽃의 화분이 뼈 주위에 묻혀 있었던 것으로 생각하고 「네안데르탈인은 원숭이 같은 꼴을 했는지는 몰라도 분명히 원숭이와는 다르며 꽃을 사랑하는 마음을 가지고 있었다.」라고 결론지었다.

우주화분학

1962년, 미국의 애리조나대학에서 열린 국제 화분학회에서 뉴욕대학의 클라우스와 훠담대학의 나지는 「1806~1938년에 지구 위에서 발견된 운석 중에서 포자인 듯한 것을 발견했다…」는 충격적인 발표를 했다.

만약 운석 속에 포자가 있다면 우주 어딘가에 지구와 같은 생물이 사는 별이 있다는 이야기가 되므로 생명의 기원도 다시 생각하지 않으면 안 된다. 그들의 발표 내용은 간단하게 받아들여지지는 않았지만 그냥 흘려버리기에는 너무나 커다란 문제였다. 공기 속 포자의 혼입이라고도 생각되지만 다른 천체의 생명체라고 한다면 지구의 식물화분이나 포자와는 형태가 다르다는 것을 확인한다 하더라도 그들의 연구결과를 부정하지는 못할 것이다. 운석 속 생명체에 대한 논의는 앞으로도 계속될 것이다.

화분학은 수억 년 전의 흙 속에서부터 오늘날 우리의 생활, 공기 속, 나아가서는 우주 저편에까지 확산되어 있다. 화분학은 낡고 새롭고 작고도 거대한 학문이다.

3장

화분의 생리

봉선화의 과실

사실의 인식

화분의 이야기라면 생리적인 것이든 무엇이든 본래는 화분학(花粉學)의 항목에서 설명해야 마땅할 것이다. 하지만 앞에서 말한 바와 같이 화분학의 역사적 학문 발달의 경위로 생각해 볼 때 살아있는 화분의 이야기는 자칫하면 화분학으로부터 밀려 나오기 쉽다. 그러나 실제로 식물의 성(性) 또는 생식에 관계하는 것은 살아 있는 화분이다. 더구나 화분생리학은 필자의 전문 분야이기 때문에 여기에서 특별히 다시 한번 설명하기로 한다.

프롤로그에서 「화분은 물속에서 브라운운동을 하지 않는다」라고 말했다. 브라운의 업적이 최초로 일본에 소개되었을 때 화분의 알갱이와 화분 속의 미세한 입자의 알갱이가 혼동되어, 차례로 책을 쓰는 사람에게 계승되고, 「화분을 물속에 넣으면 미세한 운동을 한다. 이것이 브라운운동의 발견이다」라는 결론이 되어버렸을 것이다. 물론 그것에는 "물리학 선생님은 화분의 크기를 모르고, 생물학 선생님은 브라운운동의 원인이 되는 물의 분자운동력의 크기를 모른다."라고 하는 보다 기본적인 이유도 있을 것이다. 어느 경우이든, 자신은 본 적도 없는 것을 마치 사실인 것처럼 책을 쓰는 일이 있을 수도 있다는 것을 말하는 것이다. 또 교과서나 백과사전에는 자신이 확인한 것도 아니면서 추측해서 쓴 경우도 많다.

예를 들면 속씨식물의 중복수정은 전문서는 물론 중학교, 고등학교의 교과서에도 반드시 쓰여 있기 때문에 생물학에서는 상식 중에서도 상식이다. 사실, 입학시험의 문제로 출제하면 대다수의 수험생은 만점을 받는다. 그렇지만 예를 들어 "2개의 정핵 중 하나는 난세포와 다른 하나는 극핵과 수정한다."라는 현상을 실제로 본 적이 있는 사람이 도대체 몇 사람이나 될까? 독자는 큰 충격으로 받아들일지도 모르지만, 이렇게 말하는 필자도 「식물이 중복수정을 하는 것을 본 적이 없다.」라고 고백하지 않을 수 없다. 하물며 이런 표현이 결코 적당한 말은 아니지만, 분류학이나 생태학, 생화학을 전공한 생물 선생님들도 보았을 턱이 없다. 중복수정은 꽃의 자방 속 깊숙한 곳에서 몰래 이루어지기 때문에, 자방을 죽여서 그 절편을 관찰해야 하는데, 때마침 수정하는 때를 관찰한다는 것은 천재일우(千載一遇)의 기회를 노리는 것과 같다.

일본에서, 아니 세계의 수십만이나 되는 생물학 연구자나 학교 선생님의 대부분은 중복수정은커녕 화분관이 암술 속으로 뻗는 장면조차도 본 적이 없을 것이다. 그런데도 불구하고, 중복수정은 어느 책에서나 상식 중의 상식으로 기술되고, 선생님들은 마치 매일같이 보는 듯한 말투로 학생들에게 그 이야기를 들려 주고 있다.

필자는 별로, 그것을 비난하거나 참회하는 것은 아니다. 「브라운운동의 발견과 마찬가지로 중복수정도 잘못되어 있는지도 모른다.」라고 말하려는 것도 아니다. 우리가 책에서 읽거나 학교에서 배워서 몸에 익힌 지식의 대부분은 원래 그런 것이라는 사실을 인식해야 한다는 것이다.

그렇기는 하지만 "배유의 세포만이 왜 3n이 아니면 안 되는가?"라는 것쯤은 생각해 봐야 하지 않았을까. 생물학에는 그렇게 말한 뒤 과연…이라고 생각하는 불확실한 데가 많다.

그러나 지금부터 말하는 화분의 생리에 관한 이야기는 필자가 발견했거나 확인한 것들뿐이므로 안심하고 읽어주기 바란다.

입자 정충설

화분을 물속에 넣고 커버 글라스를 덮은 뒤 위에서 누르면 화분의 막이 터져서 속으로부터 전분립 등의 입자가 밖으로 튀어나와 물속에서 활발하게 운동을 한다. 필자는 학생 시절에 우연히 이것을 보고 너무 활발한 운동 때문에 이 입자들이 살아 있는 것은 아닐까? 생각했었다. 그러나 후에 화분의 연구사(研究史)를 공부하며 알게 된 일이지만 100여 년 전의 식물학자들도 필자와 같은 것을 보고, 같은 생각을 하고 있었던 것이다.

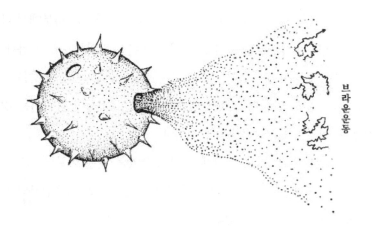

브라운운동

그림 34 | 정충이라고 생각되었던 미세입자의 움직임

19세기 초의 일이었다. 사람들은 이 미세한 입자야말로 식물의 정충(精虫)이라고 생각했다.

이 정충—이라고 생각되었던 미세한 입자—의 운동을 조사하는 일은, 당시의 최신 연구 분야였고, 현재로 말하면 DNA나 핵산의 구조를 조사하는 일과도 맞먹었다. 예를 들면 프랑스의 신진 식물생리학자 브론니알(1828)은 저온에서는 입자의 운동이 완만해지고, 고온에서는 **활발해지는** 등의 새로운 사실을 발견하여, 파리의 학회에서 실험생리학회상을 받았다. 화분이 암술에 붙으면 막이 찢어지고 속으로부터 무수한 정충이 나와 암술 속으로 들어가 자방으로 향한다…고 하는 **입자정충설**(粒子精虫說)은 당시의 식물학에서의 상식이었다. 브라운이 나타난 것은 바로 그 무렵이다.

브라운도 이 식물의 정충운동에는 무척 흥미가 있었다. 어느 날 식물표본으로 만든 꽃에서 화분을 따서 조사해 본즉, 죽어있는 화분에서 나온 입자가 물속에서 꿈틀꿈틀 움직였다. 더 오래된 화분의 정충을 사용해 보았으나 그것도 역시 움직였다. 그 후 그는 광물, 유리, 운석 등 갖은 물체를 미세한 가루로 만들어 그것을 물속에 넣고, 그것들이 움직이는 것을 관찰했다. 이것이 브라운운동의 발견이다.

이렇게 본다면, 브라운이 그때 문제로 삼았던 것은 화분의 움직임이 아니라 화분 속에 있는 정충이라 생각하고 있던 무수한 미세입자의 운동이었다는 것은 불을 보듯 명확하다.

시험의 해답

「화분을 서당액에 띄우고, 잠시 후에 현미경으로 보면 어떻게 되어 있을까? 맞는 것에 O표 하자.」

  (1) 화분은 물을 흡수해 부풀어 있었다.

  (2) 화분에서 관 같은 것이 나와 있었다.

  (3) 화분이 수축해 작아져 있었다.

  (4) ……

수년 전 어느 학력고사에 출제된 문제이다. 필자가 이것을 안 것은 열성적인 어느 중학교의 생물 선생님으로부터 「⑵가 정해로 되어 있으나, 제가 실험해 본즉 ⑴과 같이 화분이 부풀었을 뿐 관이 나오는 것은 보지 못했습니다. 선생님의 의견을…」하는 편지를 받았기 때문이다.

화분이 암술머리뿐만 아니라 인공배지에서도 발아하며, 화분관을 뻗는다는 것은 잘 알려져 있지만, 실제로 화분이 발아하는 것을 관찰한다는 것은, 책에 쓰여 있는 만큼 쉬운 일이 아니다. 화분의 인공배양 이야기를 하기 전에, 먼저 시험문제를 처리하기로 하자.

우선, 문제 중의 「화분을 서당액에…」라고 하는 점에 관해서인데 한마디로 화분이라고 해도 화분은 식물의 종류에 따라서 각각 성질이 다르다. 암술에서는 100% 발아를 해도 인공배지에서는 절대로 발아하지 않는 것도 있다. 또 화분에 따라서 각각 당의 최적 농도가 정해져 있으며, 농도가

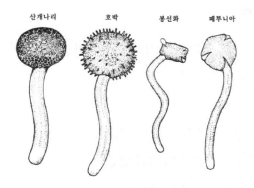

그림 35 | 화분의 발아

지나치게 높거나 낮으면 발아하지 않는다.

　예를 들면, 보통 화분은 10% 전후의 농도가 적합하지만 호박, 국화, 옥수수 등의 화분은 10%의 농도에서는 파열해 발아하지 않는다. 20~25%의 농도에서는 대부분의 화분은 물을 흡수하여 부풀 뿐 발아하지 않는다. 국화와 옥수수의 화분은 당의 농도를 높일 뿐만 아니라, 말론산(Malonic Acid)이나 칼슘을 줌으로써 비로소 발아한다. 당의 농도를 더욱 높이면, 모든 화분은 발아하지 않으며 일부의 화분은 반대로 탈수되어 수축한다. 따라서 「화분을 서당액에 띄우고서…」라는 실험을 했을 때 화분이 발아하는 확률은 아주 낮다.

　또, 「잠시 후 현미경으로 관찰하면…」 하는 점에도 문제가 있다. 화분이 배지에 뿌려져서 발아하기까지의 시간은 화분의 종류에 따라서 다르기 때문이다. 예를 들어보자.

화분의 종류	발아까지의 시간
용선화	2분
자주달개비	15분
동백, 산다화	20분
산개나리	30분
백향나리	1시간
소나무	20시간

이 발아시간은 배양할 때의 온도에 따라서도 달라지기 때문에 「잠시 후」라고 해도, 그 시간이 1분인지 5분인지 10분인지, 30분인지에 따라서 화분관이 보이기도 하고 보이지 않기도 한다. 또 배지의 pH(수소이온농도)나 꽃에서 화분을 채취하는 시간에 따라서도 발아의 양상이 달라진다. 따라서 만일 필자가 문제대로 실험했을 때의 결과를 대충 예상한다면,

(1)의 화분이 물을 흡수해 부풀었을 경우 ········ 90%

(2)의 관과 같은 것이 나오는 경우 ···················· 5%

(3)의 화분이 수축해 작아지는 경우 ·············· 5%

정답은 (2)이고, 사실 대부분의 학생은 (2)에 ○표를 했다. "이론과 실제의 차이"라고 하고 끝내도 될 일일까?

이와 같은 예는 얼마든지 있지만, 여러분에게 자신감을 잃게 하는 것이 이 책의 목적이 아니므로, 화분의 생리에 관한 이야기의 본론으로 들어가기로 하겠다. 우선 화분이 발아하여 화분관을 뻗는 문제를 다루기로 하자.

압력과 막합성의 밸런스

여러분은 「화분이 발아하여 화분관을 뻗는다」라는 말을 처음 들었을 때, 화분관이 어떻게 뻗는가를 생각했을 것이다. 고무줄, 풍선, 껌, 고드름, 식물의 줄기와 뿌리 등, 이 세상에 뻗어나는 것은 많이 있다. 화분관은 자체의 수만 배의 길이로 뻗어나지만, 그 신장방법은 매우 색다르다.

예를 들면 고무줄에 같은 간격으로 표지를 하여 늘리면 늘어난 후에도 표지의 간격은 같으나, 콩뿌리의 경우는 최선단보다 약간 기부(基部)의 부분에서 주로 신장한다. 하지만 화분관에 같은 간격의 표지를 해두면, 최선단부만 신장하고, 다른 부분은 전혀 뻗어나지 않는다(〈그림 36〉 참조). 최선단부에서 항상 새로운 막이 합성되면서 신장하기 때문이다.

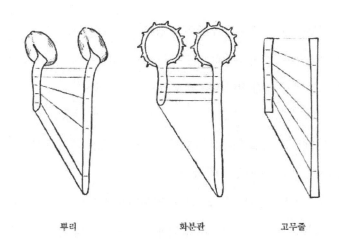

뿌리   화분관   고무줄

그림 36 | 여러 가지 신장 방법

정상적인 화분관의 최선단막은 언제나 미완성 상태에 있으며, 그곳이 안으로부터의 압력을 받아 확장되면서 막의 물질이 보충되어 감에 따라 신장한다. 따라서 화분관의 막은 아무리 길게 늘어나도 고무풍선처럼 얇아지지는 않는다. 막을 합성하는 화분관의 최선단의 원형질을 **모체**(帽體; Cap Block)라고 하며, 거기에는 미토콘드리아와 골지체가 많이 함유되어 있고, 언제까지나 어린 세포의 상태로 되어 있다. 모체의 원형질은 막의 합성을 할 뿐만 아니라, 매우 점성이 강하여 화분원형질의 토출(吐出)을 방지한다.

화분 내부의 삼투압은 외액보다 약간 높게 유지되어 있어 흡수에 의한 내압이 선단의 막을 확장시켜 나가는데, 그것에 대응하는 속도로 막의 합성이 이루어진다. 이 압력과 막합성과의 밸런스가 유지되고 있을 때, 관

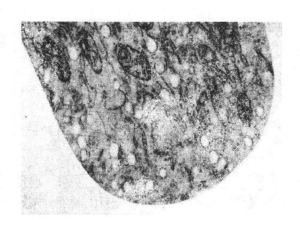

그림 37 | 전자현미경으로 본 화분관의 모체부

은 정상적으로 신장하는 것이다. 만약에 압력이 막합성보다 높으면 원형질 토출(原形質吐出)이 일어나고, 반대로 막합성이 압력보다 먼저 일어나면 관의 선단에 두꺼운 막이 형성되어 이후에는 관신장을 할 수 없게 된다.

화분이 밖으로부터 물을 흡수하기 위해서는 내부의 침투가 외부보다도 높아야 하는데, 화분의 침투압은 외액에 맞춰, 그보다 약간 높은 값으로 조절된다. 이것은 다음의 실험으로도 알 수 있다.

5%의 서당액에서 발아시킨 화분을 10% 액에 옮기면, 원형질 분리를 일으키고, 2%액에 옮기면, 원형질 토출이 일어난다. 화분 내부의 침투압이 10%의 서당액보다 낮고, 5%보다 높다는 것을 가리킨다. 그러나 같은 화분을 처음부터 10%의 서당액에서 키우면 물을 흡수하여 화분관이 신

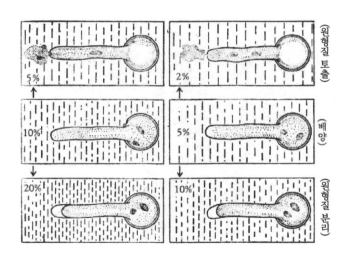

그림 38 | 화분의 원형질 분리와 원형질 토출

108

장하고 15%의 액이나 20%의 액에서도 신장한다. 이들 화분을 도중에서 5% 액에 옮기면 원형질 토출이 일어나 관의 신장이 덮는다(그림 38). 화분이 외액의 농도에 맞춰, 그보다 조금 높은 값으로 자기의 침투압을 조절한다는 증거이다. 화분은 암술의 침투압이 어떻게 변하든, 늘 물을 흡수하여 발아할 수 있는 태세를 취하는 것이다.

화분이 이와 같이 외계의 환경에 맞춰서 살아가는 방법을 바꾸는 것은, "자신의 생존방법을 계속적으로 지켜나가려 하는 생물" 세계의 사건으로서는 꽤 특수한 현상이라고 하겠다.

파나마 운하의 둑

그런데 화분이 화분관을 신장시킬 때 내부의 원형질도 증가하는 것일까? 화분이 흡수하여 부풀면, 우선 화분 속에 작은 액포(液胞)가 생긴다. 이 액포는 관의 신장과 더불어 증대하고, 마침내는 화분립 안의 대부분이 액포가 된다.

이 경우, 화분의 세포질은 얇은 막으로서 세포막이나 화분관막의 안쪽에 달라붙는 형태가 된다. 즉 화분의 원형질은 관의 선단부로 밀어붙여지기 때문에 다른 부분은 액포가 차지하고, 원형질이 없는 상태가 된다.

이 무렵, 화분관막의 일부가 부풀어 올라, 화분관이 분단되는 현상이 보인다. 이 화분관 안에 생기는 둑을 **캘러스막**(Callus 막)이라고 부른다. 캘러스막은 화분관의 기부로부터 만들어지기 시작해 차츰 선단 쪽으로 형

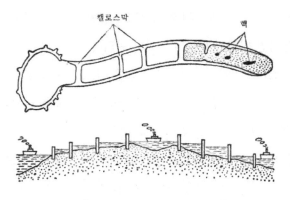

그림 39 | 캘러스막을 만들어 역류를 방지한다

성되어 가며, 원형질을 앞쪽으로 자꾸 밀고 나가 가두어 버리는 구실을 함으로써 기부로의 역류를 방지한다. 그것은 마치 파나마운하의 둑이 배를 앞으로 내보내는 것과 흡사하다. 따라서 잘 뻗은 화분관 속에는 이와 같은 캘러스막이 수십 개나 형성되어 있는 것을 볼 수 있다.

　생장 중인 화분 속의 원형질은 항상 흐르고 있다. **원형질 유동**(原形質流動)이라고 불리는 이 세포질의 운동은 그 목적도 기구(機構)도 알려져 있지 않은 불가사의한 현상이다. 이 원형질 유동은 근모(根毛) 또는 절간세포(節間細胞)에서도 볼 수 있지만, 화분의 원형질 유동의 특징은 관의 최선단부에서 볼 수 있는 역분수동(逆噴水動)이다. 문자 그대로 분수가 거꾸로 흐르는 것이므로 주위에서 흘러온 세포질이 중앙부로 흘러든다. 원형질 유동은 에테르, 클로로포름 등으로 마취하면 운동이 정지하지만, 마취가 끊어지면 다시 유동을 시작한다.

110

세포는 살기 위한 최소단위 ?

현미해부기로 화분관을 절개함으로써 세포질을 배양액 속으로 끌어낼 수가 있다. 화분관을 그대로 자르면 관이 파괴되어 원형질 토출을 일으키므로, 화분을 일단 고장액(高張液; 침투가 높은 액)에 옮겨, 원형질 분리가 일어나도록 한 다음에 관막을 자른다. 이것을 저장액(低張液)으로 도로 옮기면 원형질 분리의 복귀가 일어나는데, 이때 세포질의 일부가 작은 덩어리로 되어 배양액 속으로 나온다. 이 세포질덩어리는 핵도 없고, 막도 없다. 그렇지만 이 알몸의 세포질의 절편이 배양액 속에서 유동운동을 계속하고, 장시간 후에는 주위에 막을 만들기 시작한다. 더구나 이것을 고장액으로 옮기면 보통의 세포처럼 원형질 분리를 일으킨다.

핵을 갖지 않는 세포질의 절편이 독자적으로 원형질 운동을 하며 막을 합성하고, 고장액 속에서 원형질 분리를 일으킨다. 그래도 "세포는 살아가기 위한 최소의 단위"인 것일까? 이 문제는 좀 더 이야기를 진행한 후에, 다시 한번 생각해 보기로 하자.

현지 징용

화분의 크기는 "화분의 형태"에서 말한 바와 같이 30~50μ이다. 이 작은 화분이 암술머리에 붙으면 화분관을 뻗는데, 예를 들면 백합꽃의 암술은 10㎝ 이상이나 된다. 1㎜의 1/200 이하의 화분이 10㎝ 이상의 화분관을 뻗기 때문에, 화분은 자기 몸의 2,000배나 되는 크기로 생장하게 된다.

화분이 아무리 많은 양분을 가졌다고 하더라도, 물질의 보급 없이 생장하는 것이라고는 생각할 수 없다. 화분관막의 재료만 해도 굉장한 양이지만, 그 밖에도 생장을 위한 에너지원으로서 상당한 양분이 쓰일 것이다. 꽃밥에서 나올 때 화분이 가지는 양으로는 기껏해야 2, 3mm의 화분관밖에는 뻗지 못할 것이다. 그러나 현실적으로 10cm 이상이나 되는 암술의 암술대 속을 씨방(子房)으로 향해 뻗어 나가기 때문에, 화분관은 암술로부터 양분을 보급받으면서 관을 뻗고 있다고 생각할 수밖에 없다.

인공배지에서 화분을 배양할 때, 방사성 탄소(^{14}C)를 함유하는 당을 배지에 첨가해 두면, 호흡에 의해 나오는 이산화탄소 속에서 방사성 탄소가 나온다(O. Kelly, 1955). 또 막이나 아미노산, 단백질 등의 속에도 방사성 탄소가 포함되게 된다는 것도 알려져 있다. 이와 같은 것은 명백히 화분이 외부로부터 양분을 흡수하면서 생장한다는 것을 가리킨다. 화분은 생장 초기에 발아에 필요한 양분만 저장해 꽃밥에서 나오지만, 그것만으로는 부족하기 때문에 암술로부터 보급을 받으며 생장을 계속한다.

그러나 화분은 일방적으로 암술에서부터 양분을 빼앗는 것이 아니라 암술에도 어떤 종류의 물질을 공급한다. 이것은 화분을 배양한 액 속에 여러 가지 물질이 검출되는 것이나, 화분을 암술에 묻히면 암술의 성질이 변하는 것(다음 항목 참조)으로도 알 수 있다. 암술에 대해서는 따로 설명되어 있으므로 여기서는 화분에서 나오는 물질에 관해서 이야기하기로 한다.

10%의 서당액에 2%의 녹말(가용성 녹말)을 넣어 한천으로 굳힌 배지를

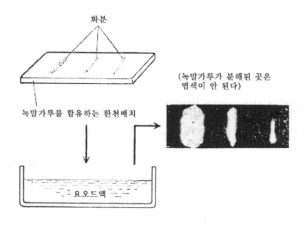

그림 40 | 화분의 효소에 의한 녹말의 분해

만들고, 그 표면에 백합의 화분을 뭉쳐서 뿌린다. 30분 후 그 화분을 제거하고 한천배지를 요오드 액으로 염색해 보면, 화분이 뿌려져 있던 부분만 하얗게 되고 다른 부분은 청색으로 염색된다. 화분에서 녹말 분해효소가 배지에 스며 나왔다는 증거이다(그림 40).

만남의 인사

효소는 단백질이 주성분이기 때문에 분자가 매우 큰 물질이며 보통은 세포의 원형질막을 통과하지 못한다. 그러나 실제는 앞의 실험에서 보았듯이 화분으로부터 녹말 분해효소가 바깥으로 나와 있다. 효소가 나올 수 있을 정도이므로 당도, 아미노산도, 호르몬도, 칼슘, 칼륨 등의 무기물도 화분에서 바깥으로 나온다.

당 대신에 펜타에리트리톨(Pentaerythritol)을 배지에 넣어서 화분의 파괴를 막고 배지 속으로 나오는 당을 조사하면, 화분을 뿌린 직후에는 꽤 많은 양의 당이 흘러나오지만 발아 후에는 거의 흘러나오지 않는 것을 알 수 있다. 이것은 화분이 꽃밥에서 나올 때 탈수상태에 있기 때문에 원형질막의 기능이 저하하여, 반투성(半透性)이 불완전하기 때문이다. 화분이 배지에 뿌려지고부터 시간이 지남에 따라서 원형질의 반투성이 회복되고 흡수에 의한 팽창압력에 눌려서 화분관이 벋는다. 이 무렵이 되면 화분의 원형질막은 보통의 세포와 마찬가지로 물은 통과시키지만 물 이외의 것은 통과시키지 않게 된다. 결국 화분은 배지나 암술세포와 만난 직후에 내부의 물질을 놓쳐서 바깥으로 보내고 있다.

이런 표현을 하면 화분은 생장 초기에 뜻하지 않게도 자기가 가지는 물질을 바깥으로 내보낸 것처럼 들리지만, 이때 물질의 유출에는 더 적극적인 의미가 있다.

암술에 수분된 때도 마찬가지 일이 일어나지만 암술은 화분에서 나오는 이 물질을 보고 화분의 종류(예, 자기와 같은 류의 화분인가 아닌가)를 판정하고 있다. 화분은 그때 어쩌면 살아가기 위한 지령에 해당하는 핵산(RNA)을 암술의 세포에 주고 있는지도 모른다고 생각된다. 어쨌든 화분과 암술의 만남에 있어서 인사 대신으로 물질교환을 하는 것은 틀림없다.

화분을 유도하는 물질

　수분한 화분이 씨방을 향해 화분관을 뻗는 것은 씨방에서 화분관을 유도하는 물질이 나와 있기 때문이다…라는 생각은 상당히 오래전부터 있었다. 그러나 암술대(花柱)를 절개하여 암술의 중간에 화분을 묻히면 암술머리(柱頭)로 향해 뻗는 화분관과 씨방으로 향해 뻗는 화분관의 수가 거의 절반씩이 되며, 꽃에서 암술을 잘라내 배지 표면에 꽂고 단면 근처에 화분을 뿌려두면 화분관은 자른 부분에서 암술대 속으로 들어가서 암술머리를 향해 뻗어간다. 이 사실은 씨방이 유도물질(誘導物質)을 내어 화분관을 암술머리에서 씨방으로 유도하는 것이 아니라는 것을 가리킨다.

　그러나 암술 속에 화분관을 유도하는 물질이 없는 것은 아니다. 예를 들면, 암술머리와 암술대의 일부를 잘라내 배지 위에 놓고 그 부근에 화분을 뿌려두면 화분관은 그 암술머리와 암술대의 절편으로 향해 뻗어간다. 또 암술머리 위에 한천조각을 얹어두고, 일정한 시간이 지난 후 한천조각을 배지 위로 옮겨서 그 주위에 화분을 뿌려두면 화분은 한천조각을 향해 화분관을 뻗는다. 이런 것으로부터 암술에 화분관을 유도하는 물질이 함유되어 있다는 것을 알 수 있으나 이 유도물질은 식물의 종류에 따라서 다른 것 같으며, 산개나리의 암술머리 절편은 산개나리, 백향나리, 날개하늘나리 등의 화분의 화분관을 유도하지만, 차(茶)나 동백의 화분관은 유도하지 않는다.

　한편 차의 암술은 차나 동백의 화분은 유도하지만 백합무리의 화분은 유도하지 않는다. 이 화분관의 유도물질은 칼슘, 또는 칼슘이 어떤 물

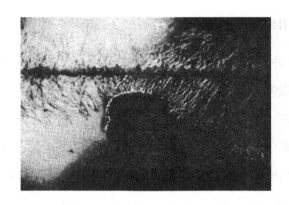

그림 41 | 화분관을 유도하는 암술머리의 절편

질과 결합된 것이 아닌가 생각되지만 아직 자세한 것은 알려지지 않았다. 화분이 어디서 그 물질의 존재를 감지하고 어떻게 해서 화분관을 그 방향으로 뻗어 가는가에 대해서는 현재로는 전혀 모르는 상태이다.

자제하는 화분

산다화의 화분은 전부터 인공배지 위에서는 화분관을 뻗기 어렵다고 생각되었다. 그러나 배양 중인 산다화 화분을 다른 장소로 옮기면, 즉 화분을 이식하면 일변하여 긴 화분관을 뻗게 된다. 이것은 산다화의 화분이 강한 생장 억제물질을 가져서 그것을 자기 주위에 확산시키기 때문이다.

이식된 화분은 먼젓번 장소에서 억제물질을 배출했기 때문에 화분관은 억제되지 않고 길게 신장한다. 왜 산다화의 화분이 이와 같은 강한 억제물질을 가지며 자기의 생장을 억제하는지는 산다화의 화분에 물어봐야 알 일이지만, 상상하건대 산다화꽃은 11월경 추워질 무렵에 피기 때문에 화분의 생장을 억제할 필요가 있을 것이다. 그것은 예를 들면 사막식물의 종자 중에는 강한 발아 억제물질을 가지고 있어 모래 위에 떨어져도 금방은 발아하지 않는 것이 많다.

큰비에 씻겨서 억제물질이 없어지면 발아를 하는데 그때는 대지가 수분을 듬뿍 함유하기 때문에 발아한 어린 식물은 무사히 생장한다. 이렇게 하여 자손의 절멸을 방지하는데, 산다화도 추운 날 일제히 화분을 발아시키기보다는 조건이 좋은 날을 택해 발아시키는 것이 좋을 것이다. 그 때문에 억제물질로써 발아를 억제하는 것으로 생각된다.

그렇다면, 산다화꽃에는 억제물질을 제거하는 기구(機構)가 따로 마련되어 있지 않으면 안 된다. 필자는 처음, 암술 쪽에 억제물질을 분해하는 효소가 있어서 필요에 따라 그 효소를 배출하여 억제물질을 분해해 화분을 생장시키는 것이 아닐까 생각하고 암술 속을 찾아봤지만 유사한 물질을 찾아내지 못했다. 그러나 그 후, 산다화의 화분 자체가 억제물질과 작용을 억제하는 물질(抗抑制物質)을 가졌다는 것을 알았다.

산다화 화분을 배지 위에 뿌리면 억제물질을 배지 속에 확산시키는데 항억제물질은 화분의 내부에 있으며 밖으로는 나오지 않는다. 이 억제물질을 버린 산다화 화분을 으깨서 그 속에서부터 항억제물질을 끌어내 억제물질이 함유되어 있는 배지에 넣으면 억제물질의 억제작용이 완전히 억제된다. 항억제물질의 정체는 아직 밝혀지지 않았지만 분자량이 70만 이상이고 280nm의 파장을 흡수하는 것으로 보아 단백질이라고 생각된다.

산다화 화분은 먼저 억제물질을 배출하여 자신의 성장을 억제하고, 적당한 시기에 항억제하여 화분관을 신장시키고 있을 것이다. 이와 같은 자제작용은 많든 적든 다른 화분에서도 볼 수 있는 것 같다.

오토매틱 자동차

화분처럼 독립하여 생활하고 생장하는 세포는 그저 살아갈 수 있다는 것뿐만 아니라 자신의 생리작용을 조절하는 기능을 가지지 않으면 안 된다. 억제물질, 항억제물질의 존재는 그 예의 하나라고 할 수 있다. 종래 화분생리에 관한 일의 대부분은 배지에 어떤 물질을 넣으면 화분의 생장이 좋아지는가를 조사한 것이었지만, 적어도 앞에서 말한 산다화와 같은 경우, 문제는 "배지에 무엇을 넣을까?"가 아니라 "화분에서 무엇을 제거하느냐."이다.

화분은 종자와 마찬가지로 발아에 필요한 물질을 자신이 가지고 있으며 꽃밥에서 나오는 것으로 생각된다. 발아의 채비가 완료된 화분에 있어서는 발아보다는 제멋대로 발아하지 못 하게 하는 것이 오히려 문제일 것이다. 이것을 자동차에 비유하면, 표준형 자동차는 엔진을 작용해도 액셀러레이터를 밟지 않는 한 발차하지 않는다. 그런데 오토매틱 자동차는 엔진을 작동하면 천천히 움직이기 시작하기 때문에, 예를 들면 교차로에 정지해 있을 때는 브레이크를 밟아 차가 움직이지 않도록 해야 한다. 물론,

브레이크에서 발을 떼고 액셀러레이터를 밟으면 보다 빨리 달리기 시작한다.

만약, 화분이 오토매틱 자동차와 같은 양식이고 그것이 정지해 있다면 배지에 촉진물질을 넣더라도, 즉 브레이크를 밟은 채로 액셀러레이터를 밟아도 화분은 발아하지 않는다. 종래 우리는 발아하기 힘든 화분을 발아시키기 위해 액셀러레이터를 밟는 것만 생각했지만, 서 있는 자동차를 달리게 하는 데는 액셀러레이터를 밟기 전에 먼저 브레이크에서 발을 떼는 일을 생각해야 할 것이다. 엔진이 작동하는 차의 브레이크에서 발을 떼면, 액셀러레이터를 밟지 않아도 차는 천천히 움직이기 시작한다.

산다화 화분에서 억제물질을 제거하면 화분관이 길게 뻗는 것은 브레이크에서 발을 떼었기 때문이다. 사이드 브레이크가 걸려 있는 차의 액셀러레이터를 아무리 강하게 밟아도 차는 달리지 않을 것이다.

화분의 사회

화분은 꽃밥 속에서 어느 시기부터 한 알 한 알로 독립해 있지만, 그것을 배양할 때 한 알씩 떨어져 있을 때와 많은 화분이 뭉쳐 있을 때를 비교하면, 일반적으로 수가 많은 편이 잘 발아하며 화분관이 길게 자란다. 이 현상을 **밀도효과**(密度效果)라고 부른다. 밀도효과는 박테리아나 곰팡이 등을 배양할 때도 나타나지만, 소나무가 한 그루만 떨어져서 자랄 때보다 송림을 이루는 편이 더욱 잘 크는 것과도 흡사하다. 화분이 이와 같이 밀

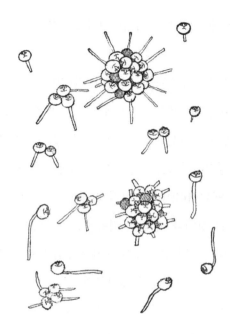

그림 42 | 플러스의 밀도효과(위)와 마이너스의 밀도효과(아래)

도효과를 나타내는 원인에 대해서는 (1) 화분물질의 유출이 제한되는 것, (2) 서로 촉진물질을 내는 것, 이렇게 두 가지를 생각할 수 있다. 예를 들면 화분을 으깨서 만든 액을 배지에 넣으면, 밀도효과는 적어진다. 즉 한 알 갱이건 여러 알갱이건 그 생장은 같다. 하와이대학의 부루베이커 팀(1959)은 화분 속에 들어 있으며, 화분의 생장을 촉진하고, 밀도효과를 상실하게 하는 물질을 PGF(Pollen Growth Factor)라 가칭하고, PGF는 화분의 생장은 촉진시키지만 핵분열은 억제시키는 작용도 갖는다고 생각했다.

이른바 2핵성(二核性) 화분(백합, 봉선화, 동백 등)은 PGF를 많이 가졌기 때문에 인공배지에서도 잘 발아하지만, 핵은 2핵인 채이며 3핵성(三核性) 화분(벼, 옥수수, 국화 등)은 PGF를 갖지 않기 때문에 인공배양이 어렵지만, 핵분열이 억제되지 않아 3핵이 된다는 것이 그들의 생각이다.

밀도효과는 모든 화분에서 볼 수 있는 것은 아니며, 갓 자란 동백의 화분은 한 알이건 많은 수의 알갱이건 마찬가지로 생장하며, 산다화 화분은 반대로 알갱이가 많을수록 생장이 나쁘다. 이와 같은 경우를 특히 마이너스의 밀도효과라고 부르며 산다화가 마이너스의 밀도효과를 보이는 것은 앞에서 말한 바와 같이 억제물질을 가지기 때문이다. 또, 억제 물질을 버린 산다화 화분은 플러스의 밀도효과를 나타내게 된다.

어찌 되었건 집단생활을 좋아하는 것이 있는가 하면 집단생활을 할 수 없는 것, 다른 화분에 해를 주는 것 등 화분의 사회도 여러 가지이다.

화분은 방사선에 강한가?

방사선은 일반적으로 생물의 생장에 해롭다. 예를 들면 산나리의 구근에 여러 가지 선량(線量)의 X선이나 감마선을 조사(照射)하여 흙에 묻어 두면, 방사선의 양이 극히 낮은 때에는 정상적으로 싹이 터서 생장하지만 1킬로뢴트겐(kR)의 조사를 받으면 생장에 이상이 나타나며, 5kR을 넘으면 발아는 해도 도중에 생장이 멎어 야자나무와 같은 형태의 산나리가 생겨난다(그림 43). 물론 이렇게 된 산나리는 꽃도 피지 않고 오래 살지도 못한다.

전체의 반수를 죽이는 방사선의 선량을 **치사량**(致死量)이라고 한다. 예를 들면 인간의 치사량은 약 1.5kR이라고 하며, 식물의 생장점의 치사량도 거의 같은 정도이다. 그러면 화분의 치사량은 어느 정도일까?

하나의 세포로써 되는 화분은 상당히 낮은 선량의 방사선으로도 발아가 안 되는 것으로 보통 생각할 것이다. 그런데 예를 들면, 산나리의 화분은 1kR 방사선을 받아도 정상적으로 발아하여 긴 화분관을 뻗는다. 10kR에도, 50kR인 경우에도 발아하며, 100kR의 방사선을 쬐어도 여전히 발아한다. 100kR의 방사선이라고 하면 투명한 유리컵을 갈색으로 바꿔 놓을 정도의 높은 선량이며, 이미 생물학에서 상대할 단위가 아니다. 결국 산나리의 화분이 발아하지 못하게 되는 것은 놀랍게도 600kR이라

그림 43 | 감마선을 쬐인 산나리

고 하는 초고선량이다.

화분이 왜 이토록 방사선의 영향을 받기 어려운가는, 현대의 수수께끼 중 하나이지만, 꽃밥에서 나올 때 상당히 탈수상태에 있다는 것과 생장을 위한 생리작용을 거의 마치고 바깥으로 나온다는 것 등으로 유추해 볼 수 있다. 뒤에서 설명하겠지만 화분은 꽃밥에서 나올 때 이미 핵의 지령을 받아 단백질과 효소의 합성도 끝내기 때문에 나머지는 화분관을 신장시키기만 하면 된다. 더구나 화분관의 신장은 뿌리나 줄기의 생장처럼 세포분열을 전제로 하지 않는다. 따라서 보통의 세포나 조직보다도 방사선의 영향을 받기 어려울 것이라는 점은 다소 이해가 가지만, 그렇더라도 600kR이라는 것은 지나치게 고선량이라 하겠다.

방사선의 무서움

"높은 선량의 방사선을 쬐어도 발아한다."는 사실만을 가지고, 화분은 방사선의 영향을 받지 않는다고 단정할 수는 없다. 문제는 화분이 생식세포로서의 능력을 가지고 있느냐 없느냐이다. 만약에 100kR 이상의 방사선을 받은 화분이 핵분열하여 2개의 정세포(精細胞)를 만들어 수정하고 종자를 만들 수가 있다면 "화분은 방사선에 강하다"고 결론지을 수 있다.

다양한 세기의 방사선을 쬐인 화분을 배양기로 배양하여 일정 시간 후에 화분관 안의 생식세포가 2개의 정세포로 분열했는지 어떤지를 조사해 보면 의외로, 생식세포의 분열은 5~10kR에서 억제된다. 이 화분을 암술

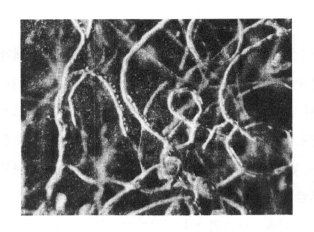

그림 44 | 200kR의 감마선을 쬐인 화분이 신장시킨 화분관

머리에 수분시키면 화분관은 뻗지만 정상적인 종자는 만들어지지 않는다. 결국 화분도 보통의 세포와 마찬가지로 방사선의 영향을 받는데, 화분관의 신장에는 그 영향이 나타나지 않을 뿐이다.

수십 kR, 수백 kR이라는 선량의 방사선을 받은 화분은 화분관은 뻗지만 속에 있는 생식세포는 완전히 죽어 있다. 죽은 생식세포를 끌어안고 그것을 난세포로 보내려고 화분관을 뻗어오는 기특한 화분의 모습을 보고 있노라면 새삼스럽게 방사선의 무서움이 느껴진다. 방사선의 영향이 특히 생식세포에 나타나기 쉬운 것은 인간의 경우도 같다. 몸을 침범하는 수백 분의 일, 수천 분의 일의 선량으로 우선은 자손에게 나쁜 영향이 나타나고, 선량이 조금 많지만 자손을 만들지 못하게 된다. 직접 몸에 영향이 나타나는 것은 훨씬 더 방사선량이 많아지고 나서부터이다. 공기 속의 방사능이 지금보다 더 증가하여, 누군가의 몸에서 영향이 나타나는 시대가 만약 온다면 그것은 인류의 절멸이 결정되고 나서부터 다시 수십 년 뒤의 일일 것이다.

항생물질과 화분

앞에서 화분은 방사선의 영향을 잘 받지 않는 이유의 하나로서 "발아 준비가 거의 끝나 있다"는 것을 들었다. 그러나 무엇을 근거로 그렇게 말할 수 있는가를 말하지 않으면 여러분은 납득이 가지 않을 것이다.

어떤 세포이건 마찬가지이지만, 세포는 핵의 지령에 따라서 살고 있다. 그것은 마치 한 척의 군함이 사령탑의 지령에 따라 움직이거나 싸우거나 하는 것과 마찬가지이다. 다만, 지령이라고 해도 세포의 지령은 군함에서의 지령처럼 말로 하는 지령이 아니다. 생물의 몸속에서 이루어지는 화학반응은 효소(酵素)의 매개로 인해 진행되므로 어떤 화학반응이 진행될지는 세포 속에 있는 효소의 종류에 지배된다. 효소의 주성분은 단백질이며 단백질은 아미노산이 수많이 결합한 것이다. 어떤 아미노산을 어떻게 모아서 단백질을 만드느냐는 것은 유전자(遺傳子)에서 나오는 m-RNA(messenger-RNA)에 의해서 결정된다(자기증식의 항을 참조). 따라서 핵으로부터 세포질 속으로 나오는 m-RNA야말로 세포의 지령에 해당한다.

〈그림 45〉는 화분관의 신장 및 생식핵(生殖核; 세포) 분열에 대한 항생물

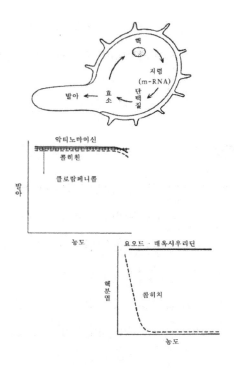

핵

지령
(m-RNA)

발아 ← 효
소 ← 단
백
질

악티노마이신

콜히친

클로람페니콜

발아

농도

요오드 · 데옥시우리딘

핵
분
열

콜히치

농도

그림 45 | 항생물질과 화분

질의 영향을 나타내고 있다. 예를 들어, 악티노마이신 D는 m-RNA가 나오는 것을 저지하고, 클로람페니콜은 단백질의 합성을, 요오드 데옥시우리딘은 DNA 합성을, 콜히친은 핵의 분리를 각각 저해하는 물질이다.

악티노마이신으로 m-RNA가 만들어지는 것을 저지하더라도, 클로람페니콜로 단백질이 형성되는 것을 정지시켜도, 화분관은 신장한다. 이것은 화분이 (핵)→(m-RNA)→(단백질)의 코스를 완료했다는 것을 가리킨다.

DNA 합성 저해제(合成沮害劑)가 핵분열을 저지하지 않는 것도, 화분이 핵분열 때문에 DNA의 합성을 끝냈기 때문일 것이다. 요컨대 화분은 지령에 따라서 탄환을 장전하고, 조준하여 나머지는 방아쇠를 당기기만 하면 되는 상태가 되어서 꽃밥으로부터 바깥으로 나오는 것이다.

사령탑이 없는 군함과 죽은 사람의 수염

자꾸 되풀이하는 것 같지만, 세포의 핵은 군함의 사령탑에 해당한다. 화분은 핵의 지령에 따라서 사는데, 꽃밥에서 나올 때는 이미 핵의 지령을 받고 있다.

그런데 만약 군함의 사령탑이 지령을 내린 후 파괴되었다고 한다면…, 물론 군함으로서의 기능은 상실된다. 그러나 곧 침몰하지는 않을 것이며 얼마 동안은 이미 받은 지령에 따라서 행동할 것이다.

여기서, 앞에서 이야기한 여러 가지 화분과 관련한 불가사의한 현상을 상기하기 바란다. 예를 들면 "방사선으로 핵을 죽여도 화분은 발아한다.", "화분의 세포질의 덩어리가 핵 없이 원형질 유동을 하거나 막을 만들거나 원형질 분리를 하거나 한다."는 것이다.

이미 지령을 받는 화분의 세포질은 설사 핵이 방사선에 의해 죽었다고 해도 지령을 좇아서 화분관을 뻗는다. 핵에서 떨어져 나간 세포질덩어리도 이미 지령을 받고 있기 때문에 지령대로 원형질 유동을 계속하여 막을 합성하고 원형질 분리를 일으킨다. 다만 이들의 움직임은 결코 정상적인 것이 아니며 사령탑이 파괴된 후의 군함의 움직임과 같다.

좀 더 알기 쉽게 비유하면 흔히 "죽은 사람의 수염을 깎은 뒤에 관 속에 넣었다가 다음 날에 열어본즉 수염이 자랐더라."라고 한다. 뇌로부터의 지령을 받았던 세포가 뇌가 죽은 후에도 지령에 따라서 수염을 자라게 하는 일은 충분히 있을 수 있는 일이다. 결국 핵을 죽여도 화분관이 뻗는 것은 죽은 사람의 수염이 자라는 것과 같다. 다만 사령탑을 잃은 군함이 정상적인 기능을 발휘할 수 없듯이, 핵이 없는 화분관이 뻗어나도 그것은 살아 있다고는 말할 수 없다.

살아가기 위한 최소의 단위는 역시 핵을 가진 세포이다.

4장

식물의 결혼

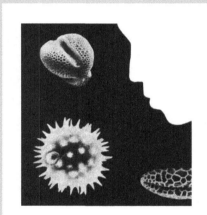

화분
(위에서부터 실거리나무, 해바라기, 산나리)

젖은 암술머리

젖은 암술머리 암컷의 생식기관인 암술은 암술머리(柱頭), 암술대(花柱), 씨방(子房)의 세 부분으로 되어 있으며, 화분을 받는 부분은 암술머리이다. 암술머리가 능률적으로 화분을 대치하기 위해서는 표면이 매끄러운 것보다는 올록볼록한 편이 좋고, 건조한 것보다는 습한 편이 낫다. 사실, 많은 꽃은 암술머리가 털 모양(毛狀)으로 되어 있기도 하고 도드라진 모양(突起狀)의 세포가 배열되어 있다. 또 얼핏 보기에 매끈하게 보이는 것도 확대해 보면 상당히 올록볼록하고 그 표면에는 점액이 분비되어 있는 것이 많다. 예를 들면 철포백합은 아직 성숙하지 않은 봉오리의 암술머리는 딱딱하고 건조하지만, 점차 성숙함에 따라 암술머리가 부풀어 오르고 표면이 촉촉하게 젖는다. 암술머리가 화분을 받아들일 태세가 갖추어지면 점액을 분비하기 시작하기 때문이다. 꽃이 활짝 필 때에 이르면 점액의 분비량이 한층 더 증가하여 나중에는 암술머리 밑에서 물방울이 떨어져 내린다.

떨어져 내린다고 하지만, 점도(粘度)가 높은 끈적끈적한 액체이기 때문에 얼마 동안은 암술머리 밑에 매달려 있다가 마지막에 길게 꼬리를 늘어뜨리며 떨어진다(그림 46).

암술머리의 표면에 분비되는 점액은 화분을 잡아두기 쉽게 할 뿐 아니라 수분된 화분에 수분과 영양분을 공급하여 그 생장을 촉진시키는 작용을 한다.

암술대 속에는 화분관의 통로가 마련되어 있다. 이것을 **유도조직**(誘導組織)이라 부르는데, 유도조직에는 여러 가지 타입이 있다. 화분이 암술머

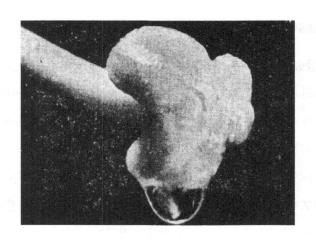

그림 46 | 철포백합의 암술머리의 점액

리에 붙으면 유도조직의 내부에서도 점액이 분비되어 화분관에 물과 영양분을 공급한다. 또 이 점액은 화분관이 씨방을 향해 부드럽게 뻗어가기 위한 윤활유의 역할을 한다.

점액의 연구

이 성숙한 꽃의 암술로부터 분비되는 점액을 전문으로 연구하는 학자가 몇 사람이나 있다고 한다. 세상은 참으로 넓다. 그들은 일정한 시간마다 암술머리에 여과지를 대어서 점액을 흡수하여 무게를 달거나, 떨어져 내리는 액을 시험관에 모아서 그 성분을 분석하기도 한다.

예를 들어, 철포백합의 암술이 분비하는 점액의 양은 개화 직후의 싱

싱할 때는 하루에 3~4mg이지만 성숙하는 데 따라서 많아지며, 4일 후에는 10mg 이상에 달하고, 그 후에는 차츰 줄어든다. 결국 하나의 암술이 시들 때까지 50~60mg의 점액을 분비한다. 이와 같이 양은 적지만 점액 속에는 수분이 아주 조금밖에 없기 때문에 증발하지 않고 〈그림 46〉과 같이 암술머리에 매달려 있다.

이 점액은 서당, 과당, 포도당 이외에 라피노스라고 불리는 당을 많이 함유하는 특징이 있다. 또 로이신, 플로린, 바린, 글루탐산, 히스티딘 등의 아미노산 이외에 호르몬과 비타민류도 다량으로 함유하고 있어, 이것을 인공배지에 첨가하면 화분의 생장이 상당히 촉진된다.

또, 이 점액은 약간 불투명하지만 특별한 색깔이나 냄새는 없다.

암술은 흥분한다

수컷인 화분은 물을 흡수하여 화분관만을 뻗게 할 뿐이므로 그 구조가 비교적 간단하지만, 암컷의 생식기관의 구조는 복잡하고 그 생리 또한 미묘하다. 예를 들어 가느다란 막대기로 누운주름잎의 암술머리를 건드리면, 지금까지 열고 있던 암술머리가 갑자기 닫힌다. 이것은 화분을 확실히 포착하여, 수분한 화분에 적당한 습도를 주는 데 활용되는 것으로 생각된다.

벼의 암술머리에 화분을 떨어뜨려 메틸렌블루, 초산카민 등의 액으로 암술머리의 세포의 염색 상태를 조사해 보면, 수분 전에는 액으로 염색이

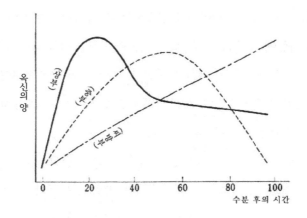

그림 47 | 수분 후에 담배의 암술 각부에 생기는 옥신 양의 변화

잘 되지 않지만, 수분 후 1분쯤 지나서 아직 화분이 발아하지 않는 동안에 갑자기 염색된다. 화분이 암술머리에 닿아 암술의 세포가 흥분하여 그 성질이 바뀐 것을 가리킨다. 벼의 암술머리가 화분이라면 무엇이든지 다 좋아하는 것은 아니다. 금어초의 화분을 묻혀도 흥분하지 않지만, 미나리아재비의 화분을 묻히면 흥분한다. 상대에 따라서 흥분하기도 하고 흥분하지 않기도 하는 것으로 미루어 보아 암술에는 각기 나름의 기호가 있다는 것을 알 수 있다.

당연한 일이지만, 흥분하면 암술의 기능이 높아진다. 예를 들면 수분하면 암술 속의 호르몬양이 갑자기 증가한다. 〈그림 47〉은 담배의 암술에 담배 화분을 묻혔을 때 옥신의 양적 변화를 나타내는데, 화분이 붙으면 먼저 암술머리의 옥신이 많이 만들어지고, 차츰차츰 그것이 밑으로 쳐지는 것을 알 수 있다. 이들 호르몬은 화분의 생장에도 도움이 되고 수정 후에 종자나 씨방 벽을 자라게 하기 위한 자극도 된다.

식물의 결혼

식물의 세계에는 특정 상대와 계약하는 "결혼"이라는 풍습이 없으므로, 여기서는 식물의 결혼이라 하면 수분에 있어서의 "암수의 조합"에 관한 이야기를 하기로 한다.

암술머리에 화분이 붙는 것을 수분(受粉)이라고 한다. 한마디로 수분이라고 하지만 화분과 암술의 조합에 따라서, 여러 종류의 수분이 있다. 우선 화분이 자기 꽃 속에 있는 암술에 붙는 경우를 **자(동)화수분**(自花受粉 또는 同花受粉)이라고 한다. 같은 꽃 속에서 일어나는 일이기 때문에 가장 간단한 수분방법이다. 다음은 화분이 같은 포기에 피어 있는 이웃 꽃의 암술에 붙는 경우를 **인화수분**(隣花受粉)이라고 하고, 화분이 같은 종류인 다른 포기의 꽃의 암술에 붙는 경우를 **타화수분**(他花受粉)이라고 한다. 다만, 포기가 다르더라도 삽목이나 접목으로 분주(分株)된 꽃에 수분될 때는 실질적으로 인화수분이기 때문에 특별히 **준인화수분**(準隣花受粉)이라고 한다. 이 밖에 화분이 다른 종류의 암술머리에 붙는 경우가 있는데, 이것을 **교잡수분**(交雜受粉)이라고 한다.

자화수분(동화수분; 自花受粉), 인화수분, 준인화수분은 모두 유전적으로는 같은 식물의 암수 사이의 수분이기 때문에, 극히 근친 사이에서의 수

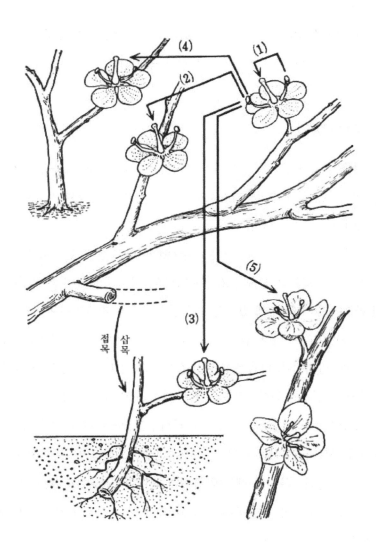

그림 48 | 수분의 종류 (1) 자화수분 (2) 인화수분 (3) 준인화수분
(1)(2)(3) 자가수분 (4) 타화수분 (5) 교잡수분

분이다. 따라서 이 모두를 한 집안의 수분이라는 의미에서 **자가수분**(自家 受粉)이라 총칭한다.

화분과 암술의 조합	수분의 종류	
A. 같은 꽃의 화분과 암술	재(동)화수분	자가수분
B. 이웃 꽃의 화분과 암술	인화수분	
C. 삽목이나 접목으로 분주한 다른 포기의 꽃의 화분과 암술	준인화수분	
D. 다른 포기의 꽃의 화분과 암술	타화수분	
E. 종류가 다른 식물의 화분과 암술	교잡수분	

무성생식에서 말한 것과 같이 사과, 배, 복숭아, 포도 등 대부분의 과 수는 접목이나 삽목으로 증식시킨 것이므로, 같은 품종의 포기가 수만 개 가 있어도 그들 꽃 사이에서의 수분은 준인화수분이며 자가수분이다. 이 와 관련한 작물이나 화초 대부분은 한 포기 한 포기가 다른 종자에서 태 어난 것으로 형질도 조금씩 다르다. 이와 같은 것에서는 포기가 다른 꽃 사이의 수분은 타화수분이다.

움직이는 것을 이용하라

식물은 화분을 암술에 묻혀서 종자를 만들고 있다…고는 하지만, 식 물은 자기 자신은 이동할 수가 없기 때문에 움직이는 것을 이용하여 화분 을 수술에서부터 암술로 이동시키고 있다. 자연계 속에서 움직이는 것이

그림 49 | 화분은 바람을 타고

라고 하면 바람, 물, 벌레, 새, 인간 등이 있다. 이들 중에서 무엇이 어떻게
이용되고 있는가는 식물의 종류에 따라서 다르다.

바람을 이용해 화분을 이동시키는 꽃을 풍매화(風媒花)라고 한다. 바람
은 움직인다고는 하지만, 늘 꽃을 향해 부는 것은 아니기 때문에, 풍매화
는 작고 가벼운 화분을 무수히 만들어 이것을 공기 속으로 방출한다. 이
들 중에는 옥수수와 같이 대형의 화분을 만드는 풍매화도 있는데, 옥수수
의 화분은 종이풍선을 납작하게 찌그러뜨린 것과 같은 형태가 되기 때문
에, 대형이기는 하지만 공기 속에 떠다니기 쉽다. 화분의 낙하속도를 조
사하는 데는, 지름 10㎝ 정도의 긴 관 위에서부터 화분을 떨어뜨려, 몇 초

후에 바닥에 떨어지는가를 측정하면 된다. 다음의 표는 몇 종류의 화분의 낙하속도를 비교한 것인데, 낙하속도가 느린 것일수록 공기 속에 뜨기 쉽고, 멀리 날아갈 수 있다.

화분의 종류	낙하속도, 초속
전나무	38.7cm
가문비나무	6.8cm
너도밤나무	6.0cm
소나무	3.9cm
떡갈나무	3.9cm
오리나무	2.0cm

풍매화의 화분 중에서 중간 정도의 낙하속도를 갖는 소나무를 예를 들어 보면, 지상 수 m 높이의 가지에서부터 공기 속으로 방출된 소나무 화분이 땅바닥에 떨어지는 데는 무풍상태에서 약 3분이 걸린다.

만일, 조금이라도 바람이 있으면 떨어질 때까지 수십 분, 수 시간도 걸리며, 화분이 상승기류를 타면 수천 km까지 날아갈 수가 있다. 일찍이 일본의 남극관측대가 남빙양상의 공기 속에서 화분을 채취한 적이 있다. 어느 대륙에 사는 식물의 화분이 바다를 건너 날아왔을 것이다. 공기 속에 섞여 있는 화분의 종류나 양에 관해서는 "2장. 파리놀로지의 세계"에서 이미 이야기했으므로 참조하기 바란다.

물가나 물속에서 생활하는 식물 중에는 물에 화분을 실어서 이동시키는 것이 많다. 이런 꽃들을 수매화(水媒花)라 부른다. 민나자스말의 화분은 녹말이 많고 비중이 크기 때문에, 물에 가라앉으면서 이동하여 암술머리에 붙는다. 붕어마름의 화분은 비중이 물과 거의 같기 때문에 물속의 각 층을 떠돌아다니면서 이동한다. 물별이끼의 화분은 수면에 뜨면서 이동하고, 거머리말의 경우는 수꽃이 모체에서 떨어져 나가 수면을 떠돌아다니며 암꽃과 접촉하여 화분을 암술머리에 부착시킨다.

동물매화

화분을 동물의 몸에 붙여서 암술로 운반하는 꽃을 **동물매화**(動物媒花)라고 총칭하며, 동물매화의 주된 것은 **충매화**(虫媒花)이다. 이들 꽃은 일반적으로 큰 꽃잎이나 꽃받침을 가지며, 꿀이나 향기를 지닌다. 꽃 중에는 범의귀(虎耳草)나 거지덩굴 등과 같이 눈에 띄는 색깔도 향기도 없이 묘한 냄새를 내는 것들도 있는데, 이들 꽃에는 파리와 갑충류(甲虫類)가 모여든다. 인간이 느끼기에는 좋지 않은 냄새이지만 파리들에게는 아주 좋은 향기로 느껴지기 때문일 것이다.

나팔꽃, 달맞이꽃 등과 같이 아침 일찍 또는 저녁에 피는 꽃에는 야행성 나방류가 모여들어 수분을 거들어 준다.

동백, 비파 등과 같이 겨울에 피는 꽃에는 곤충 대신 동박새 등의 새가 모여와서 수분을 돕는다. 그 밖에 박쥐, 달팽이 등의 동물이 화분을 운반한다는 기록도 있다. 이들 화분의 매개 상태를 정리하면 다음 절의 표와와 같다.

바람과 충매화

화분이 곤충의 몸에 붙어 암술로 옮겨지는 꽃을 충매화라고 부르지만, 충매화라 할지라도 화분이 바람에 실려 암술에 옮겨가지 말라는 이유는 없다.

풍매화	바람		적송, 흑송, 삼나무, 노송나무, 은행나무, 오리나무, 너도밤나무, 벼, 옥수수, 돼지풀, 미역취 등
수매화	물		붕어마름, 통발, 거머리말, 민나자스말, 물별이끼 등
동물매화	충매화	벌	유채, 연꽃, 글, 채송화, 토끼풀, 벚꽃, 사과, 복숭아, 살구, 페튜니아, 튤립 등
		나비	개미자리, 박, 백합, 카네이션, 유채 등
		나방	나팔꽃, 박, 달맞이꽃, 난, 선인장 등
		파리, 갑충류	거지덩굴, 범의귀, 수련, 목련, 말오줌나무, 해바라기 등
	조매화		참마, 빈랑나무, 능소화 등
	박쥐		동백, 비파, 어저귀, 살비아의 일부 등
	인간		인공수분

담배, 유채 등은 전형적인 충매화이지만 이들의 발에 슬라이드 글라스를 놓고 다음 날 현미경으로 관찰하면 상당히 많은 화분이 슬라이드 글라스의 표면에 붙어 있는 것을 볼 수 있다. 화분이 바람에 날려간다는 증거이다. 공기 속의 화분조사(별항 참조) 때도 충매화의 화분이 채취되는 일이 드물지 않다. 따라서 자연 상태에서 이루어지고 있는 수분에는 바람에 의해 암술머리에 운반되는 충매화의 화분이 적지 않을 것이다.

하기는 수많은 꽃 중에는 처음부터 곤충과 바람 양쪽을 모두 이용하려는 것도 있다. 씨크라멘, 수정난풀꽃은 꽃을 갓 피웠을 무렵에는 꿀을 분비해 곤충을 꾀어 화분을 운반게 하지만 꽃이 질 무렵에는 꿀의 분비를 그치고 건조한 화분을 만들어 바람을 이용한다. 더 확실하게 자손을 남기기 위해서는 그 편이 더 효과적일 것이다.

곤충과 풍매화

한편 풍매화의 화분도 곤충에 의해서 운반되면 안 될 이유가 전혀 없다. 꿀벌이 어느 시기에 벼나 옥수수의 화분을 수집한다는 것은 전부터 알려져 있었지만, 최근에 꿀벌에게 풍매화의 화분을 모으게 하는 연구가 시작되었다.

일본의 군마(群馬)대학의 의학부 다데노(館野) 팀(1972)은 비닐하우스의 골조에 그물을 쳐서 비닐하우스가 아닌 네트하우스를 만들어, 그 속에서 풍매화인 둑새풀(들에 나 있는 벼과 잡초)을 재배하며, 동시에 꿀벌통을 놓아 벌을 키웠다. 풍매화인 둑새풀의 꽃은 끝이 없기 때문에 용기에 설탕물을 넣어서 벌통 가까이에 놓았다.

벌통에서 나온 꿀벌은 네트하우스 속을 날아다니며 충매화를 찾지만 있는 것이라고는 설탕물과 둑새풀뿐이다. 대부분의 꿀벌은 네트하우스 밖으로 나가려다 다치고 지쳐서 죽었지만, 네트하우스 속 벌통 안에서 태어나 밖으로 나온 어린 꿀벌은 설탕물을 빨아먹고, 둑새풀의 꽃에 모여 화분을 벌통으로 나르기 시작했다. 충매화를 본 적이 없는 꿀벌은 가련하게도 둑새풀만이 이 세상의 꽃의 전부라고 생각하고 있었을 것이 틀림없다.

어쨌든 이렇게 네트하우스 속 식물의 종류를 바꿔감으로써, 어떤 식물의 화분이라도 대량으로 채취할 수 있게 되었다. 불순물이 섞이지 않은 이들 화분은 화분병의 진단에 쓰이는 화분 엑스트랙트의 재료가 된다. 그러나 인류의 행복에는 기여하지만, 풍매화의 화분을 열심히 모으는 꿀벌은 이미 화분 채취기로 전락해 버렸으며 자연 속의 동물이라고는 말할 수 없게 되었다.

꿀벌의 운반능력

꿀벌이 "엉덩이춤"을 춤으로써 동료인 벌에게 꽃의 위치(방향과 거리)를 가르쳐 준다는 것은 필자의 다른 저서 『광합성의 세계』에서 이미 설명했다. 그 때문에 꿀벌은 어느 기간 동안 같은 장소의 꽃에 왕래하는데 결과적으로 이것이 같은 종류의 화분을 같은 종류의 암술로 운반하는 데 도움이 된다. 한편, 같은 곤충이라도 나비의 무리는 이 꽃 저 꽃으로 날아다니기 때문에, 벚꽃 화분을 유채의 암술에다 운반하거나 튤립의 화분을 민들레꽃에 운반해 버리기도 한다.

꿀벌의 행동범위는 자기 집을 중심으로 하여 반경 2㎞쯤이다. 사람의 몸길이를 꿀벌의 100배로 계산하여 그 비율대로 거리를 계산한다면, 도

그림 50 | 꿀벌의 운반능력(만약에 인간만큼 크다면)

쿄를 중심으로 해서 시즈오카, 나가노, 고리야마, 다이라를 연결하는 범위 내를 날아다니는 것이 된다. 꿀벌의 체중은 약 100㎎이지만 한 번에 약 50㎎의 꿀과 10㎎ 이상의 화분을 가지고 집으로 돌아오기 때문에 체중의 반 이상이나 되는 것을 가지고 공중을 날고 있는 것이 된다.

한 벌집 속에서 공동생활을 하는 꿀벌이 1년간 모으는 화분의 양은 30~50㎏이다. 만약, 꿀벌이 사람 정도의 크기라면 연간 2만 5천 톤의 화분을 운반하는 것이 된다. 물론 꿀의 양을 더하면 그 5배가 된다. 이렇게 활동가인 꿀벌은 공동 작업으로 벌집을 만들어 생활한다. 꿀벌의 세계에서는, 옛날의 성주들이 몇 해나 걸려서 성을 쌓은 것과 같은 대역사가 연중행사처럼 되풀이되어 이루어지는 것이다.

인공수분

사람이 화분을 암술머리에 옮겨주는 것을 인공수분이라고 한다. 식물은 누가 운반해 주건 간에 화분이 암술에 묻기만 하면 종자를 만든다. 인공수분은 적당량의 화분을 암술에 수분할 수 있다는 점에서, 바람이나 곤충에 의한 수분보다 훨씬 효율적이다. 인공수분은 다음과 같은 경우에 행해진다.

(1) 온실 속에서 식물의 종자나 과실을 얻고 싶을 때
(2) 꽃이 피는 시기가 다른 식물을 교배시킬 때
(3) 자화수분만을 시키고 싶을 때
(4) 특정한 어미에서 자손을 얻고 싶을 때

인공수분을 할 때 문제가 되는 것은 암술을 어떻게 목적 이외의 화분으로부터 격리시키느냐는 점이다. 가장 일반적으로 행해지는 방법은 개화 전날에 수술을 제거한 꽃에 주머니를 씌워두고, 다음 날 인공수분을 하여 다시 주머니를 씌워둔다. 작은 꽃의 수컷을 제거하는데 예를 들어 벼에서는 개화 전날의 이삭을 43~45℃의 온탕 속에 8~10분 담가두는 것으로써, 암술의 기능은 그대로 지니게 하고 화분의 기능만을 억제해 무능하게 만드는 방법이 이용된다.

인공수분에 사용할 화분은, 꽃에서 수집한 것을 저온에 저장해 두고, 필요에 따라서 귀이개 같은 것으로 퍼내어 암술머리에 뿌려준다. 꽃이 작

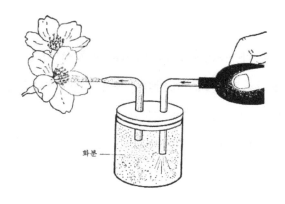

그림 51 | 화분방사기(화분총)

을 경우에는 화분을 뿜어 주는 분무기구(화분방사기)를 사용하여 암술머리
에 수분시킨다. 이때 가루의 양을 많게 하기 위하여 밀가루, 옥수수가루,
녹말가루, 리코포디움[lycopodium; 석송(石松)의 포자] 등을 화분에 섞어
서 사용하는 것이 보통이다.

프리섹스

"프리섹스(Free Sex)"라는 제목을 보면, 눈이 번쩍 뜨이는 사람도 있을
것이고, 그 방면의 평론가들로부터는 「프리섹스의 참 뜻은…」하는 투로
그럴싸한 잔소리도 듣게 될 것이다. 그러나 여기서 말하는 프리섹스는 식
물의 이야기이기 때문에 "특정한 상대가 정해져 있지 않은 생식" 정도의
의미로 이해해 주기 바란다. 애당초 섹스란, 생물의 암수의 성(性)을 말하

는 것이므로 프리섹스를 직역한다면 "자유로운 성"이라는 뜻이 된다.

자유로운 성이라는 것을 문자 그대로 해석하면 자유로이 암컷이 되었다가 수컷이 되었다가 할 수 있다…라는 말이 된다. 그렇다면 「섹스한다」라는 말은 도대체 어떤 것을 의미하게 될까? 그러나 「세련되고 매력 있는 사람」이라는 투의 표현이 공용되는 세상이므로, 감각적으로 이야기를 진척시켜 보기로 하자. 그런 식으로 이야기하지 않으면, 어떤 고명한 TV 사회자가 주간지 등에서, 「섹스한다는 것은 신성한 행위라는 멍청한 말을 하는 사람도 있더군요. 나는 파이프 커트(피임수술)를 했지만, 그래도 섹스는」이라고 말하는 것을 전혀 이해할 수 없게 된다.

어찌 되었건 식물이 생식을 할 때, 즉 넓은 의미로 섹스를 할 때 특정한 상대는 정해져 있지 않다. 바람, 물, 곤충, 새 등이 옮겨다 준 상대와 결합하는 것이다. 이 중매인은 특별한 생각 아래서 상대를 골라오는 것이 아니라, 수컷의 화분을 가지고 간 그곳에 어쩌다 암술이 있었기 때문에, 거기에 놓고 온다는 참으로 무책임한 중매 방법이다.

중매인의 무책임함을 알고 있을 때는, 중매를 받는 쪽은 어지간히 정신을 차리지 않으면 안 되며, 자신도 적극적인 행동을 취하지 않으면 좋은 상대를 만나기가 어려울 것이다.

적극적인 행동

꽃은 아름다운 드레스로 몸을 장식하고, 달콤하고 맛있는 꿀을 준비하여 중매인인 곤충을 불러들이지만 더 적극적으로 곤충의 몸에 화분을 붙이거나, 곤충으로부터 화분을 받거나 하는 것이 있다. 예를 들면 말방울풀꽃은 긴 원통 모양의 꽃잎을 가졌고, 암술, 수술, 꿀은 모두 통 속 깊숙이 있다. 곤충은 화분과 꿀을 모으기 위해 꽃잎의 터널을 통과하여 등속으로 들어가는데 터널 속에는 많은 강모(剛毛)가 안쪽을 향해 나 있다. 그 때문에 꽃잎의 터널을 통과해 깊숙이 들어간 곤충은 쥐틀 속에 들어간 쥐같이 바깥으로는 나올 수 없게 된다. 꽃 속 깊은 곳에서 곤충이 날뛰는 사이에 몸에 붙어 있던 화분이 암술머리에 붙고, 그 꽃의 화분이 새롭게 곤충의 몸에 묻는다. 암술에 화분이 묻으면, 꽃잎의 안쪽에 붙은 강모가 시들어 부드러워지기 때문에, 곤충은 강모를 헤치고 밖으로 나올 수가 있다. 화분을 듬뿍 묻힌 이 곤충은 다음에 찾아간 꽃에 붙잡혀서 다시 수분을 돕게 된다. 샐비어(Salvia)나 샐비어꽃의 수술은 타자기의 키와 같은 모양을 한다. 곤충이 꽃으로 들어갈 때 키를 발로 밟으면, 꽃밥이 튀어 올라 화분을 곤충의 복부에 붙이게 된다. 수레국화의 수술은 보통은 오그라져 있으나, 벌레가 건드리면 갑자기 뻗어서 화분이 붙어 있는 꽃밥을 곤충의 몸에 붙게 한다. 매발톱나무나 뿔남천의 암술도 접촉 자극을 감지하여 운동하며 벌레의 몸에 화분을 붙게 한다.

피로와 마취

채송화꽃에는 100개 이상의 수술이 있는데, 이 수술을 연필 끝으로

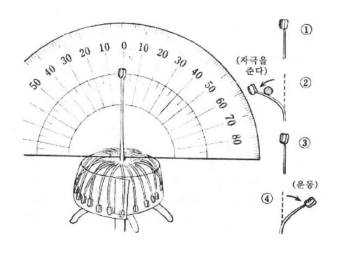

그림 52 | 채송화의 수술의 운동

안쪽으로 눌러 쓰러뜨리면, 수술은 일단 원위치로 돌아왔다가 다시 밀렸던 방향으로 쓰러진다. 바깥쪽으로 밀면 안쪽으로 쓰러지고, 우측에서 좌측으로 밀면 우로 향해 쓰러진다. 요컨대 미는 힘이 가해진 쪽으로 쓰러진다. 곤충이 화분이나 꿀을 먹는 동안에 다리나 몸으로 수술을 밀었을 경우에도, 밀린 방향으로 쓰러지기 때문에 수술 끝에 있는 화분이 곤충의 몸에 문질러진다. 이 채송화의 수술의 운동을 보면 「식물은 움직이지 않는다」라는 말을 할 수 없게 된다. 좀 더 세밀한 실험을 해 보기로 하자.

〈그림 52〉와 같이 채송화꽃에서 한 개의 수술만 남겨두고, 다른 수술과 암술을 테이프로 고정시킨다. 꽃의 뒤편에 작은 각도기를 넣어서 수술에 자극을 가하여 운동하는 각도를 읽으면, 수술이 어떤 자극을 받았을

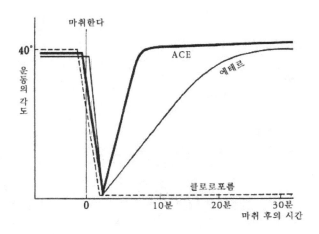

그림 53 | 마취 후의 수술의 운동(ACE-알코올·클로로포름·에테르의 혼액)

때 어느 정도로 운동을 하는가를 알 수 있다.

먼저, 여러 온도 아래서 자극을 주면, 10도일 때는 거의 운동을 하지 않지만 15도, 20도로 자극을 증가시키면 조금씩 움직이게 되고, 23~30도일 때 제일 활발하게 운동한다. 다음에 자극을 주는 간격에 대해 조사해 보면, 수술은 계속 자극이 주어지면 지쳐서 움직이지 않게 되는데, 잠시 휴식시간을 주었다가 자극하면 다시 활발히 움직인다. 12분 이상의 간격으로 자극을 가하면, 몇 번이라도 같은 운동을 반복한다. 이것은 동물의 근육운동과 같다.

다음에는 수술용 에테르, 클로로포름 등의 증기 속에 1, 2분간 두었다가 자극을 가하면, 수술은 자극에 전혀 반응하지 않게 되지만, 15~20분이 지나 마취에서 깨어나면 다시 운동하게 된다. 면도날로 꽃에서 수술을 떼어내, 그것을 슬라이드 글라스의 가장자리에 고정시켜 자극을 가하면 꽃에 붙어 있을 때와 마찬가지로 민 쪽으로 쓰러진다. 꽃에서 떨어져 나와도 움직일 수 있는 힘을 갖는 것은 도마뱀의 꼬리가 잘려도 움직이는 것과 흡사하다.

이와 같이 전후좌우 어느 방향으로도 구부러지고, 수술대(花系)의 어느 부분에서도 구부러질 수 있다는 점에서, 채송화의 수술은 함수초의 잎이나 식충식물의 더듬이(觸手)보다도 활발하게 움직인다고 하겠다. 뿌리가 돋아 있어 이동할 수 없는 식물이지만 화분을 암술에 옮기기 위한 집념 같은 것을 거기서 느낄 수가 있다.

근친결혼은 피하다

「꽃에는 수술과 암술이 있으니까, 바람이나 곤충의 힘을 빌지 않아도 수분이 되지 않겠는가?」라고 생각하는 독자가 있다면, 필자는 그 독자를 존경하지 않을 수 없다. 분명히 암수가 한 꽃 속에서 동거할 때는 화분이 수술의 꽃밥에서 암술머리 위에 굴러 떨어지는 것으로 모든 것은 끝난다. 사실, 제비꽃이나 화분과(禾本科) 식물에서는 한 꽃 속의 암수가 수분하여 종자를 만드는 경우가 있으므로 풍매화, 충매화 등 어려운 말을 쓰지 않아도 될 것 같이 생각된다.

그런데도, 식물은 수술과 암술 양쪽을 가지고는 있어도 가능하면 다른 꽃의 화분을 사용하여 종자를 만들려 한다. 즉 근친 사이에서 자손을 만들지 않으려고 애쓴다. 인간 사회에서 근친결혼을 금하는 것은 나쁜 유전자가 중복됨으로써 자손에게 나쁜 영향이 나타나는 것을 방지하기 위함인데, 근친 사이에서 자손을 만들면 좋지 않은 결과가 나타나는 것은 식물의 세계에서도 꼭 같은 것이다. 다만 다른 점은 인간의 세계에서는 많은 자손이 만들어지기 때문에, 조금쯤 나쁜 형질을 가진 자손이 생겨도 그것들은 없어지면 그것으로도 괜찮다. 하지만 움직일 수 없는 식물에게는 기형아가 태어날지도 모른다는 근심보다 수분이 안 될지도 모른다는 근심이 더 크다. 따라서 식물은 절대로 근친결혼을 하지 않는 것이 아니라, 가용하던 다른 꽃의 화분을 사용해서 자손을 만들려 한다. 그 때문에 풍매화나 충매화 등이 존재하는 것이다.

떨어져 있는 암수

만일 화분이 같은 꽃의 암술에 붙어 있어도 된다면, 암술머리가 수술보다 밑에 있어, 꽃밥에서 흩어져 떨어지는 화분을 받으면 된다. 그러나 어느 꽃을 보아도 암술머리가 꽃밥보다 위쪽으로 튀어나와 있다.

예를 들어 화본과의 밀, 지풍초 등의 꽃을 보면 암술은 깃털 모양의 암술머리를 꽃의 위쪽을 향해 벌리지만, 수술은 긴 실 모양의 수술대(花系)로 꽃 아래쪽에 매달려 있다. 이것으로는 바람이 아래에서부터 불어오지 않는 한, 자신의 화분은 암술머리에 붙지 않을 것이다. 채송화, 글라디올러

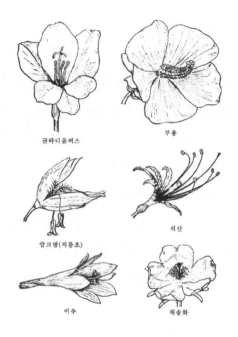

글라디올러스

부용

암크랭(지풍초)

석산

비추

채송화

그림 54 | 같은 꽃 속의 암수는 떨어져 있다

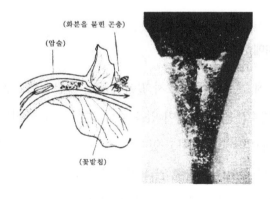

(화분을 묻힌 곤충)

(암술)

(꽃받침)

그림 55 | 붓꽃의 암수의 단면(좌)과 소편부(우)

스, 튤립, 철쭉, 백합 등 어느 것이나 〈그림 54〉와 같이 암술머리가 수술의 꽃밥보다 위쪽에 위치해 있다.

붓꽃이나 제비붓꽃은 참으로 기묘한 형태의 꽃을 가진다. 꽃잎 모양의 큰 꽃받침을 아래로 잡아당겨 보면, 암술머리와 꽃받침 사이에 수술이 숨겨져 있는 것을 알 수 있다. 수술 위쪽에 있는 암술머리의 하부는 두꺼운 막으로 되어 있기 때문에 화분을 받아들이지 않는다. 화분이 부착하는 곳은 암술과 꽃받침 사이에 있는 터널 입구에 마련되어 있는 소편부(小片部)로 곤충이 터널로 들어가려 할 때, 곤충의 몸에 붙어 있는 화분을 걷어낸다. 한편, 몸에 화분을 묻힌 곤충이 터널에서 나갈 때는 그냥 나가게 된다(〈그림 55〉 참조). 이리하여 자연스럽게 자기는 다른 꽃의 화분을 사용하고, 자기의 화분은 다른 꽃의 암술머리에 붙게 된다.

이와 같이 꽃은 암술과 수술의 양쪽을 갖고 있다고는 하지만, 되도록 다른 꽃의 화분을 사용하여 자손을 남기려고 노력한다.

암수는 동시에 성숙하지 않는다

같은 꽃 속에 있는 암수가 그저 떨어져 있는 것만으로도 곤충이나 바람에 의해 자화수분을 하는 일이 있을 수도 있을 것이다. 식물은 그것마저도 막기 위해 여러 궁리를 하고 있다.

같은 꽃 속에 수술과 암술이 있다고는 해도, 암수가 같은 시기에 생식능력을 가지게 되어 있는 것은 아니다. 오히려 상당히 많은 식물이 고의로 수술과 암술의 성숙도를 일치 시키지 않고 있다.

꽃잎을 벌린 직후의 도라지꽃 속을 보면, 가운데에 있는 수술의 꽃밥에서 활발히 화분을 내놓는 것이 보이지만, 암술의 모습은 어디에서도 볼 수 없다. 이틀 후에 다시 한번 그 꽃을 관찰하면 암술이 멋지게 암술머리를 벌리는 것을 볼 수 있지만, 수술은 모습을 감추고 없다. 수술이 먼저 성숙하여 화분을 방출한 후에 암술이 뒤늦게 성숙하기 때문이다. 암술이 암술머리를 벌리고 있을 때는 수술은 이미 암술 주위에 말라 떨어져 있다. 그 때문에 암술은 다른 꽃의 화분을 사용하여 종자를 만들 수밖에 없다.

잔대, 바위취, 쥐손이풀, 분홍바늘꽃 등의 꽃도 수술이 먼저 성숙하고, 뒤에 암술이 성숙함으로써 자화수분을 피한다. 봉선화는 더 철저하다. 수술이 암술의 암술머리를 덮어씌우면서 화분을 방출하고, 화분의 방출이 끝나 수술이 말라 떨어진 후에 암술의 암술머리가 나타난다. 따라서 화분은 절대로 자기 꽃의 암술에는 붙을 수가 없다.

이와 반대로 암술이 먼저 성숙하고, 수술이 뒤에 성숙하는 꽃이 있다. 질경이, 말방울꽃, 사프란, 목련 등과 또 유채과 식물의 꽃에서도 그런 경향이 보인다. 전자를 **웅성선숙**(雄性先熟), 후자를 **자성선숙**(雌性先熟)이라 하며 통틀어 **자웅이숙**(雌雄異熟)이라 부른다(그림 56).

이런 예는 인간세계에 비유하면 형이 죽은 뒤에 여동생이 태어나고, 누나가 늙은 후에 남동생이 성인이 되는 것이 되므로 식물의 세계에서는 프리섹스는커녕 아주 엄격한 생식이 이루어진다고 하겠다.

수정의 컨트롤

　자웅이숙의 꽃에서는 자기의 화분이 암술머리에 붙을 걱정이 없으므로 문제가 아니지만, 암술과 수술이 동시에 성숙하는 꽃에서는 완전히 자화수분을 피하기는 어렵다. 그러나 설사 자기의 화분이 수분되어도 수정되지 않으면 근친결혼의 폐단은 피할 수가 있다. 즉, 자기 화분이 암술머리에 붙어도 그 화분을 사용하여 수정하는 것을 피하면 된다. 자화수

웅성선숙

자성선숙

그림 56 | 자웅이숙

정을 컨트롤함으로써 근친 간의 자식을 만들지 않도록 하는 식물이 의외로 많다.

이형꽃술현상(異型蕊現象)이라 불리는 것도 그것의 하나이다. 앵초, 개나리, 아마, 부처꽃 등의 꽃 속을 주의하여 관찰하면, 밖에서 얼핏 보아서는 알 수 없으나 수술이 길고 암술이 짧은 꽃과 암술이 길고 수술이 짧은 꽃의 두 종류가 있는 것을 알 수 있다. 가령 전자와 같은 꽃을 SL, 후자와 같은 꽃을 LS라고 하자. SL 또는 LS끼리에서는 인공수분을 해도 종자가 생기지 않지만, SL꽃의 암술에 LS꽃의 화분을 붙이거나, LS꽃에 SL의 화분을 붙이면 종자가 생긴다.

이것은 암술이 자신 또는 자신과 같은 타입의 꽃의 화분 생장을 억제하고, 그 밖의 화분생장은 억제하지 않기 때문이다. 큰 것끼리 또는 작은 것끼리 결합되었을 때에만, 종자가 생기는 기구(機構)이다. 이 이형꽃술현상은 다윈(G. H. Darwin, 1877)에 의해 발견되어, 오늘날까지 16과, 36속의 식물의 꽃에서 알려져 있다.

수정의 컨트롤이 한층 더 교묘하게 이루어지는 것을 자가불화합 현상(自家不和合 現象)이라고 한다. 어느 꽃이나 수술과 암술이 같은 형태이면서도, 자가화분(自家花粉)의 경우에만 생장이 억제된다(자화수분과 자가수분의 차이는 '식물의 결혼' 참조). 식물이 생식할 때 보통은 암수 어느 한쪽에 결함이 있으면 수정을 하더라도 종자가 생기지 않지만, 암수가 건전하더라도 종자가 생기지 않는 경우도 있다.

이것을 **불화합**(不和合)이라 부르는데, 암수가 건전하면서 근친 간에 수

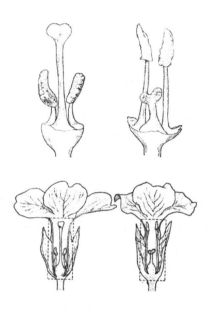

그림 57 | 개나리(상)와 앵초(하)의 이형 꽃술(좌 LS형, 우 SL형)

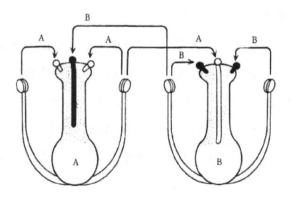

그림 58 | 자가불화합 현상

정했을 때에만 종자를 만들지 않는 경우를 특별히 **자가불화합**(自家不和合)
이라고 부른다.

이 자가불화합도 다윈(1876)에 의해 발견되었다. 자가불화합성은 모든
과의 식물에서 볼 수 있지만 특히 사과, 배, 살구, 포도 등 과수 종류의 많
은 것이 이 성질을 지니기 때문에 문제가 크다. 이들 과수는 우수한 품종
을 골라서 접목이나 삽목으로 증식시킨 것이므로 같은 품종끼리의 수분
은 설사 그루가 달라도 자가수분이며, 근친 간의 수분이다. 따라서 같은
품종 내에서 암수의 수정은 피하지 않으면 안 된다.

예를 들어 장십랑(長十郎)이라는 배는 20세기, 만삼길(晩三吉) 등 다른
품종의 화분으로 수분하지 않으면 배가 결실하지 않는다. 그러므로 장십
랑 배를 많이 수확하기 위해서는 장십랑뿐만 아니라, 그 밖의 품종의 배
나무를 혼식(混植)할 필요가 있다. 이 자가불화합의 성질은 꽃의 종류에 따
라 강약이 있으며, 예를 들어 배 중에서도 20세기나 만삼길의 자가불화합
이 약하다. 즉 자기의 화분으로도 열매가 달린다. 사과에서는 축(祝), 욱(旭)
등의 품종은 자가불화합성이 강하고, 국광(國光), 홍옥(紅玉) 등은 비교적
약하다.

자가불화합 현상의 수정 컨트롤은 암술의 씨방부에 원인이 되는 것이
있는 것으로 생각된다. 예를 들어 암술을 반으로 잘라 암술머리 쪽을 여
러 종류의 씨방부에 번갈아가며 수분을 시켜보면, 씨방이 자기 꽃인 경우
에는 반드시 화분의 생장이 억제되고, 씨방이 다른 꽃일 때는 암술머리가
자기 꽃이라도 생장이 억제되지 않는다. 이것으로 보아 씨방으로부터 자

기 꽃의 화분의 생장을 억제하는 물질이 분비되는 것이라고 생각되는데, 저마다 꽃이 자기화분의 생장만을 억제하는 물질을 가졌다고 한다면, 무수한 종류의 억제물질이 있다는 등의 문제가 남게 된다.

어찌 되었든, 식물의 세계에서는 모든 것이 합리적으로 이루어지기 때문에 근친결혼을 금하는 법률은 처음부터 필요가 없는 것이다.

더구나, 수분을 해도 결실하지 않는다는 현상은 자성(雌性)의 생식기관에 해충이 기생했을 때도 일어난다. 예를 들어 가베라의 암술 속에 있는 화분관의 통로의 구멍에 가루응애가 기생하여, 암술의 분비물을 빨아먹고 많이 발생했기 때문에 화분관이 뻗지 못했다는 예가 알려져 있다.

한낮의 사건

나팔꽃이나 달맞이꽃처럼, 이른 아침이나 저녁에 피는 꽃도 있지만, 보통 꽃은 낮에 피었다가 저녁에는 자기 때문에 식물의 섹스는 한낮의 밝은 곳에서 이루어진다. "섹스라고는 하지만서도 식물의 경우에는 화분이 바람이나 곤충에 의해 암술에 붙여지는 것이기 때문에, 간접적인 섹스가…"라고 생각하는 독자도 있을 것이다.

그러나 믿지 않을지도 모르나 꽃 중에는 한낮에 수술과 암술이 다가가서 교접하여 직접 화분을 암술에 넘겨주는 꽃이 의외로 많다.

콩과나 제비꽃과의 식물 중에는 닫혀 있는 꽃 속에서 화분을 암술에 넘겨주는 것이 있는데, 암수가 교접하는 대표적인 꽃은 물달개비의 꽃이

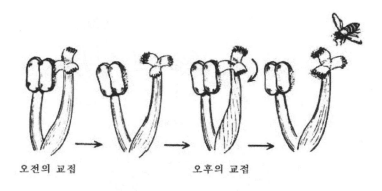

오전의 교접   오후의 교접

그림 59 | 물달개비의 암수의 교접

다. 물달개비는 아직 개화하지 않은 봉오리 속에서 먼저 수술과 암술이 교접하여 화분을 주고받는다. 꽃이 피면 암수는 서로 떨어져 있으나 한낮이 가까워지면 둘은 다시 접근한다. 두 번째 교접이 시작된 것이다. 두 번째에는 암술이 몸을 꼬면서 수술에 접근하기 때문에, 처음 교접에서 화분이 묻지 않았던 암술머리 부분이 꽃밥과 접한다. 암술 끝은 세 개의 손바닥 같은 형태로 갈라져 있기 때문에, 쌀자루 속에 젖은 손을 넣은 모양으로 꽃밥주머니 속의 화분을 받는다. 교접에 의한 화분의 주고받음이 끝나면 수술과 암술은 조용히 떨어져서 시치미를 떼고 보통의 꽃과 같이 곤충이 날아오기를 기다린다.

　분꽃의 암수도 처음에는 서로 떨어져 있지만, 나중에는 수술대(花系)를 둥글게 구부려 꽃밥과 암술머리를 교접시킨다. 채송화의 암수는 오전 중에는 떨어져 있지만, 오후 2시경이 되면 암술머리가 아래로 늘어지고 수

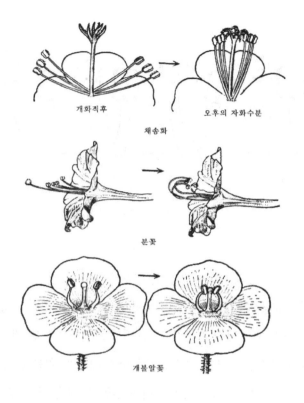

개화직후   오후의 자화수분

채송화

붓꽃

개불알꽃

그림 60 | 여러 가지 꽃의 암수의 교접

술이 암술 쪽으로 다가감으로써 암술머리와 꽃밥이 교접한다. 이 밖에 민들레, 씀바귀, 냉이 등의 꽃도 암수가 접근하여 교접한다는 것이 알려져 있다. 또 개불알꽃은 수술이 일방적으로 암술에 다가가서, 꽃밥을 암술머리에 밀어붙여 화분을 건네주고 있다(그림 60). 이들 식물의 섹스 행위는 모두 한낮에 일어나는 사건이다.

식물은 근친결혼을 피하고 있을 터인데도, 왜 이들 꽃에서는 암수가 직접 교접하는 행위가 이루어질까? 앞에서도 말했듯이 식물은 자신이 움직일 수 없기 때문에 다른 꽃의 화분만을 기다리다가는 화분이 오지 않아 자손이 끊어질 걱정이 있다. 특히 물달개비의 경우는 물가나 논에서 생활하기 때문에 언제 꽃이 물에 잠겨 버릴지 모른다. 그래서 최소한 자기의 화분으로 수분시키고 가능하면 다른 화분으로도…라는 체제를 취할 것이다. 채송화나 분꽃 등의 꽃도, 처음에는 암수가 떨어져 있어 다른 꽃의 화분을 사용하여 종자를 만들 체제를 취하고 있지만 꽃이 지기 전이 되면 자기의 화분이라도 사용하여 확실하게 자손을 남겨 놓으려 한다. 이렇게 생각하면 식물이 근친결혼을 피하려고 하는 것과 암수가 교접하는 것에는 특별히 모순은 없다고 하겠다.

꽃은 화분을 받아들이기 위해 핀다

암술머리에 붙은 화분은 암술머리의 세포나 분비액에서 물을 흡수해 발아하고, 암술 속으로 화분관을 뻗는다. 화분관은 암술대(花柱) 안에 마련되어 있는 유도조직 속을 통과한 뒤 씨방을 향해 정세포(精細胞)를 자성(雌性)의 알(卵)로 운반한다.

암술 속으로 뻗어 있는 화분관을 관찰하는 것은 그리 쉬운 일이 아니지만, 채송화꽃의 경우는 화분관 속에 녹말이 듬뿍 들어 있으므로 수분한 후의 암술을 요오드 액으로 염색하면 화분관과 암술세포를 구별할 수 있

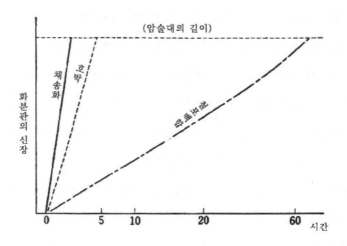

그림 61 | 암술 속으로 뻗는 화분관

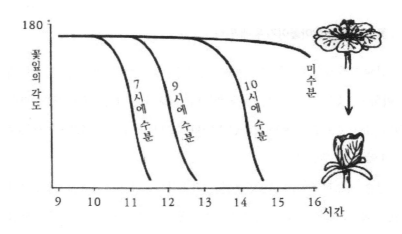

그림 62 | 수분에 의한 채송화의 폐화

다. 암술에 화분이 붙은 뒤 수정하기까지에 필요한 시간은 암술대의 길이, 화분의 발아 시간, 화분관의 신장속도에 따라서 달라지기 때문에, 꽃의 종류에 따라서 각각 다르다. 예를 들어 봉선화는 암술대가 아주 짧아서, 흡수 후 곧 화분이 발아하기 시작하기 때문에 수분 후 1~1.5시간이면 화분관의 끝이 씨방에 도달하지만, 채송화는 2시간, 호박은 5~6시간, 백합 종류는 2일이나 걸린다.

채송화의 암술에 작은 봉투를 씌워서 화분이 붙지 못하게 하면, 꽃잎이 저녁 5~6시까지 피어 있다. 그러나 개화 직후에 인공수분을 하면 오전 중에도 꽃을 닫기 시작한다. 9시에 수분한 것은 오후 1시경에, 11시에 수분하면 오후 3시경에 꽃을 닫는다. 이와 같이, 화분을 받아들인 꽃이 냉큼냉큼 꽃이 지는 것은 "꽃은 화분을 받아들이기 위해 피는 것"이라는 것을 여실히 보여준다(그림 62).

팔리고 남은 난세포

씨방 속에 들어 있는 난세포의 수는 꽃의 종류에 따라서 다르지만 대충 그 수를 알려면 과실 속에 있는 씨앗수를 생각하는 것이 제일 쉽다. 한 개의 종자는 한 개의 난세포와 한 개의 화분핵이 합체하여 만들어진 것이기 때문이다. 예를 들면 매실, 버찌, 살구 등의 과실에는 종자가 한 개씩 들어 있는데, 이들 꽃의 씨방에는 난세포가 한 개밖에 없기 때문이다.

난세포가 한 개밖에 없다면, 수십만 알갱이의 화분이 암술머리에 붙어도 만들어지는 종자는 한 개이다. 감, 사과, 배 등의 씨방 속에는 여러 개의 난세포가 있기 때문에, 하나의 과실에 종자가 몇 개씩 생긴다. 오이, 참외, 수박의 꽃의 씨방 속에는 수백 개의 난세포가 들어 있기 때문에 수백 개의 종자가 생긴다.

밭에서 수확하는 오이 중에는 반은 제대로 크고 나머지 반은 가느다란 끝물 오이가 생기는 일도 있는데, 이것은 화분의 수가 부족했기 때문에 난세포가 남아돌기 때문이다. 그 증거로 오이를 길이로 잘라보면, 굵은 부분에는 종자가 생겨 있지만 가느다란 무에는 종자가 없다.

해바라기, 백일홍, 옥수수 등의 꽃도 많은 종자를 만들지만, 이것은 난세포가 많기 때문이 아니라 이들 꽃이 수많은 작은 꽃의 집합체이기 때문이다. 낱낱의 작은 꽃은 난세포를 한 개씩만 가지기 때문에 종자도 한 개밖에는 만들지 않는다.

웅성의 선택

계산상으로는 씨방 속에 있는 알과 같은 수의 화분이 암술머리에 붙는 것이 가장 이상적이나, 어쨌든 화분은 바람에 날리거나 곤충의 몸에 붙어 암술머리로 옮겨지기 때문에, 암수의 수의 관계는 아무래도 언밸런스가 된다. 물론 한 알의 화분도 수분하지 않는 일도 있지만, 보통은 알의 수보다 훨씬 많은 수의 화분이 암술에 붙는다.

난세포가 하나밖에 없는 꽃에 설사 수백 개의 화분이 수분되더라도 수

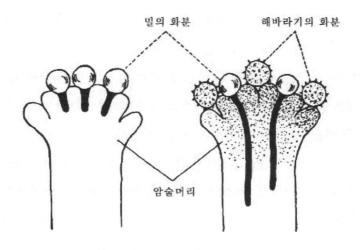

밀의 화분   해바라기의 화분

암술머리

그림 63 | 혼합수분과 멘톨

정에 사용되는 것은 그중의 단 한 개뿐이다. 각각의 화분에서 나온 화분 관은 일제히 씨방의 알을 향해 뻗어가지만 그중에 제일 먼저 씨방에 도달 한 것이 난세포와 수정하고, 다른 것들은 암술머리나 암술대와 더불어 말 라 떨어진다.

　자연 속에서는 가장 활력이 있는 웅성이 종자를 만들 권리를 획득하 게 되어 있기 때문에, 암수의 언밸런스도 결코 무의미한 것은 아니다. 무 의미하기는커녕 자성인 난세포는 웅성인 화분을 경쟁시켜 그중에서 가장 뛰어난 것을 골라내 그것과 결합함으로써 자식을 만든다고 생각해야 할 것이다.

　암술대 안에서 화분관의 경쟁과는 약간 의미가 다르지만, 러시아(구소련)에서는 오래전부터 **혼합수분**(混合受粉)이라는 작법을 하고 있다. 예를 들어, 종자를 만들지 않는 밀의 암술에 밀과 해바라기의 화분을 섞어서 수분하면 종자가 영글게 된다…는 종류의 작업이다. 그 원인에 대해서는 자세한 것은 알 수 없으나 해바라기의 화분 속에 밀화분의 생장을 촉진하는 물질, 즉 **멘톨**(Menthol)이 함유되어 있기 때문이라고 생각하는 것 같다.

필자는 작년에 만일 암술에서 그와 같은 것을 관찰할 수 있다면 당연히 인공배지 위에서도 관찰할 수 있을 것이라는 생각으로, 종류가 다른 화분을 열십자(十字)로 교차하도록 뿌려 놓고, 서로가 다른 화분에 어떤 영향을 끼치는가를 조사해 보았다. 결과는 아무 영향도 나타나지 않은 것이 대부분이었으나 산다화, 글라디올러스, 봉선화 등의 화분은 다른 많은 화분의 생장을 강하게 억제했다. 다시 조사를 계속하는 동안에 여러 가지 이상한 현상이 나타났다. 예를 들면 다른 화분의 생장을 억제하는 산다화의 화분의 생장이 다른 화분에 대해 억제작용을 나타내는 글라디올러스의 화분에 의해 촉진되었던 것이다. 자세한 것은 아직 알지 못하지만, 어쨌든 다른 종류의 화분과 화분 사이에 어떤 특수한 작용이 생긴다는 것은 확실해졌다.

"밀의 암술에 밀과 해바라기의 화분을 수분시키면 종자가 생기게 된다."라는 것은 우리가 배운 생물학에서는 나오지 않는 사고방식이지만, 필자는 최근에 와서 충분히 있을 수 있는 일이라고 생각하게 되었다.

5장

성의 전환

옥잠화의 배주

암수의 별거

「나는 세균의 성에 관한 연구에 열중하고 있었다. 프랜시스(C. Francis) 나 디올(Deole)의 주위에 있는 사람들은 세균이 성생활을 할 것이라고는 생각하지도 못했으니 이것은 웬만한 화젯거리가 될 것이다.」 뒤에 이야기 할 DNA 구조의 발견자 중 한 사람인 왓슨(J. D. Watson)의 명저 『이중나 선』 중에 있는 문장이다. 왓슨은 오후에는 매일같이 테니스를 하러 가고, 밤이 되면 영화를 보거나 「예쁜 아가씨가 많이 와 주었으면 좋으련만…」 하고 생각하며 파티에 참석하면서도 노벨상에 빛나는 DNA의 구조를 발 견했으며, 한편으로는 세균의 성에 관한 연구를 진행하고 있었다. 보통은 분열에 의해 증식하는 세균류에도 성의 구별이 있으므로, 원칙적으로 모 든 생물에게는 암수의 성이 있다.

필자는 지금까지의 이야기 중에서 고등식물 웅성 생식기관은 수술, 자 성 생식기관은 암술이며, 그것들은 한 꽃 속에 통합되어 만들어져 있다고 말했다. 확실히 많은 꽃은 수술과 암술의 양쪽을 가지지만, 수많은 식물 중에는 수술만의 꽃이나 암술만의 꽃을 피우는 것이 있다. 수술만으로 암 술을 갖지 않는 꽃을 **수꽃**(雄花), 암술만으로서 수술을 갖지 않는 꽃을 **암 꽃**(雌花)이라고 한다. 이 암꽃과 수꽃은 한 그루에 함께 있는 경우와 그루 마다 나누어져 있는 경우가 있다. 어느 경우이든 암수가 별거하는 이들 꽃을 **단성화**(單性花)라 부른다. 따라서 암수가 동거하는 보통 꽃은 **양성화** (兩性花)라 한다.

암수의 단성화가 같은 그루에 피는 꽃, 즉 별거는 하고 있으나 비교적

그림 64 | 수술이 마르고 암술이 성숙하면 다른 꽃의 화분이 와서…

가까운 곳에 생활하는 것에는 호박, 오이, 박, 옥수수, 베고니아, 칼라듐 등이 있다. 이것에 대해 어차피 별거할 바에야 멀리 갈라져서 살자는 종류의 것, 즉 암수가 서로 다른 그루로 갈라져 있는 것에는 삼(麻), 은행나무, 호프, 수영 등이 있다.

가까이에서 별거생활을 하는 호박이나 오이의 꽃에서 밑이 볼록한 것이 수꽃, 미끈한 것이 암꽃이다. 한 그루에 피는 암꽃과 수꽃의 수는 약 1 : 5.8의 비율로 암꽃이 많다.

독신기숙사

호박이나 오이의 수꽃과 암꽃은 같은 그루에 어느 정도의 거리를 두지만 수꽃은 수꽃끼리 암꽃은 암꽃끼리 모여 있는 것도 있다. 옥수수는 한여름에 맨 위에서 이삭 같은 것이 나오는데 이것은 수꽃의 집단이다. 한편, 줄기의 중간에서 수염같이 늘어진 것이 있는데 이것은 암꽃이 모여 있는 것이다. 따라서 인간세계에 비유한다면, 이들 꽃은 학교나 회사의 독신기숙사에 해당한다. 수꽃의 집단으로부터는 대량의 화분이 뿌려지고, 암꽃의 집단 속에는 수많은 난세포가 있어서 화분이 암술머리(수생의 끝 부분)에 붙기를 기다리고 있다.

그럼, 여기서 잠깐 테스트를 해 보기로 하자. 「수꽃이 암꽃 위에 위치하고, 화분이 암술머리에 흘러 떨어지게 되어 있는 것을, 자연의 현상으로서 옳다고 보는가 그르다고 보는가?」

간단히 「편리하며 잘된 것이 아니냐」라고 생각한 사람은 이 책을 다시한번 읽어주기 바란다.

「같은 그루의 암수가 수분하는 것은 근친결혼과 마찬가지로 위험이 있으니까 좋지 않을 것이다」라고 생각한 사람은 앞의 이야기를 읽어주기 바란다.

수꽃의 화분이 암꽃의 암술머리 위에 떨어지면 앞에서 말한 자가수분이 되고, 인화수분이기도 하기 때문에 바람직한 수분이라고는 말할 수 없다. 그래서 옥수수는 앞에서 말한 자웅이숙에 의해, 자손에게 나쁜 영향이 나타나는 것을 방지한다.

생육한 옥수수는 먼저 수꽃을 성숙시켜 화분을 방출하고, 그것이 끝난 다음에 암꽃을 성숙시킨다. 이리하여 옥수수는 다른 그루의 화분을 사용하여 종자를 만들기 때문에, 자연적으로 근친결혼을 피한다. 식물 세계의 일에 한해서는 걱정할 필요가 없는 것 같다.

꽃의 종류

식물의 세계에서 수컷의 생식기관(수술)과 암컷의 생식기관(암술)이 별도의 개체로 분리되어 있는 것은 오히려 예외적인 것이며 대부분의 꽃에서는 암수 양쪽의 생식기관이 하나의 꽃 속에 함께 만들어진다.

예외 중의 예외라고 할 수 있지만, 꽃 중에는 암술도 수술도 없는 꽃을 만드는 것이 있다.

예를 들어 황련은 암수 모두가 발육이 불완전하기 때문에 생식능력이 전혀 없는 형태만의 꽃을 만든다.

황련 이외에도 극단적인 겹꽃 중에는 자주 암술이나 수술이 자라지 않는 것이 있다. 이 꽃들은 자웅성의 면에서 정리하면 다음과 같다.

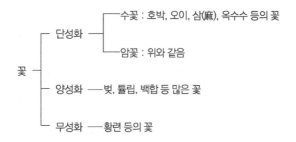

수나무와 암나무

암수가 완전히 별거하는 식물, 즉 수꽃만 피는 그루와 암꽃만 피는 그루로 나누어지는 것에는 수나무와 암나무의 구별이 생긴다. 이것은 보통 동물의 생식기의 존재양식과도 같으나, 다만 식물의 경우에는 실제로 생식작용이 필요하게 된 후에 생식기관을 만들기 시작하기 때문에 어렸을 때는 수컷인지 암컷인지 구별하기 힘들다. 동물은 보통 하나의 몸에 하나의 생식기밖에 생기지 않지만, 식물은 같은 그루에 수많은 생식기관을 만든다.

수나무는 생육이 진행하여, 슬슬 꽃을 피울 시기가 되면 몸매에 약간의 특징이 나타난다. 보통 수나무는 길쭉하고, 암나무는 키가 작고 통통한 모양이 되지만, 그 차이는 양쪽을 나란히 세워놓고 보지 않으면 모를 정도이기 때문에 웬만큼 숙련된 사람이 아니고서는 식별하기 힘들다.

주목의 수나무는 키가 커지는 것 외에도, 암나무보다 일찍 꽃이 피는 특징이 있다. 삼(麻)은 수그루가 커지고 또 잎의 색깔이 짙어진다. 은행나무도 수나무가 날씬하고 크게 번지만, 수영만은 반대로 암그루가 크고 길게 번진다. 맥주의 쓴맛을 내는데 사용되는 호프도 암수로 나누어져 있으나, 실제로 재료로 사용되는 것은 과실의 껍질 부분이기 때문에, 밭에서 재배되는 것은 암그루이다. 도움이 되지 않는 수그루는 화분을 공급할 필요가 있을 때만 재배된다.

수나무와 암나무는 외형적인 차이 이외에도 체질에서 차이를 볼 수 있다. 예를 들어 농학자인 야마자키(1933)는 염소산칼리의 0.05% 액에 시금치, 삼(麻), 은행나무의 암수의 가지를 꽂아두자, 암나무 가지가 수나무 가지보다 빨리 말라죽는 것을 보았다. 그 후 아스파라거스, 파파야에서는 반대로 수컷이 암컷보다 빨리 말라죽는 것을 알았다. 염소산칼리에 대한 이 저항성의 차이가 무엇을 의미하는가는 알려지지 않았지만, 적어도 암나무와 수나무의 성질에 차이가 있는 것은 알 수 있다.

더구나, 인간세계에서는 105 : 100의 비율로 남자가 많다고 하지만, 식물의 세계에서는 반대로 약간이나마 암나무가 많다.

애매한 성의 차이

암수의 차이는 어떠한 기구에 의해서 결정되는 것일까? 「그런 것은 아무래도 좋으니까, 남녀를 가려 낳는 방법이 있으면 가르쳐 달라」는 독자도 있을 것이다. 그러나 그것은 필자의 연구 분야가 아니며 우선 왜 암수가 결정되는가를 알지 못하고는 남녀를 가려 낳는 방법도 생각할 수 없을 것이다.

인간의 경우는 정충에 두 가지가 생기며, 한쪽이 난자와 수정하면 남자, 다른 한쪽이 난자와 수정하면 여자가 된다. 식물의 경우도 흡사하지만, 그 전에 먼저 근본 성별이라는 것이 그렇게 분명한 것이 아니라는 점을 말해 두기로 한다.

식물에 수나무와 암나무, 수꽃과 암꽃이 생긴다고 해도 같은 종류의 식물 속에서 생기는 일이기 때문에 땅과 하늘, 기름과 물과 같은 차이는 없다.

예를 들어, 호프의 수그루에 피는 수꽃 중에는 불완전한 암술이 생기는 일도 있으며, 암꽃 중에는 수술의 꽃밥과 같은 것이 생기는 일도 있다. 수영의 수그루에 잘못하여 암꽃이 달리는 일도 드물지 않다. 다만 이 경우 암그루에 수꽃이 달리는 예는 없는 것 같다. 파파야에서도 수그루의 머리를 자르면, 일시적으로 암꽃이 달리게 된다고 알려져 있다.

암컷인가 수컷인가는 상대 나름

남자의 몸에 여성 호르몬이 필요하듯이 수나무에는 수나무의 요소 외에 암나무의 요소가 있고, 암나무에도 수나무의 요소가 있기 때문에 수나무가 잘못하여 암꽃을 달거나 한 식물체에 암수 양쪽 꽃이 달린다고 해도, 그리 이상한 일은 아니다.

해캄의 생식은 앞에서 말한 것처럼 세포와 세포가 관을 뻗어서 연결하고, 한쪽 세포의 내용물이 다른 쪽 세포로 흘러들어가 합체하는데, 이때 흘러나가는 쪽이 수컷, 받아들이는 쪽이 암컷으로 추측된다. 그런데 이 해캄의 생식에는 예로부터 여러 가지 이상한 현상이 알려져 있었다. 예를 들어 〈그림 65〉와 같이 하나의 같은 해캄세포가 한쪽은 웅성, 다른 한쪽은 자성으로서의 행동을 나타낸다.

즉, 해캄은 상대가 자기보다 웅성적이면 자성적으로 행동하고 상대가 자성적이면 웅성적으로 행동하게 되어 있다. 결국, 해캄의 세포는 암수 양쪽의 요소를 지니며 암수의 비율이 상대의 세포와 비교하여 많은지 적

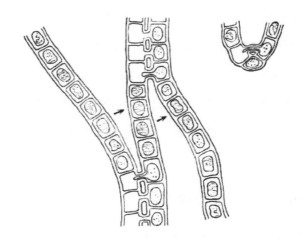

그림 65 | 상대에 따라서 변하는 해캄의 암수

은지에 따라서 암컷이 되거나 수컷이 되거나 하는 것이다.

이 해캄의 성은 원시적인 형태로도 보이지만, 어떤 의미에서는 이상에 가까울 정도로 합리적인 성의 존재방식이라 생각된다. 갈조류(褐藻類)인 엑토칼프스에서도 같은 현상이 알려져 있다.

성의 전환

해캄이 암컷이 되거나 수컷이 되거나 하는 것은 성의 전환이 아니고 처음부터 상대에 따라서 성이 결정되는 것인데, 식물세계에서는 일단 결정된 성이 도중에 전환하는 예가 드물지 않다.

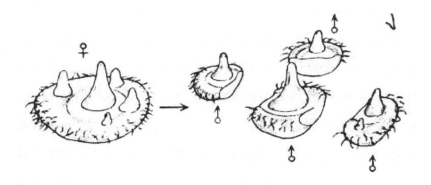

그림 66 | 천남성의 성전환

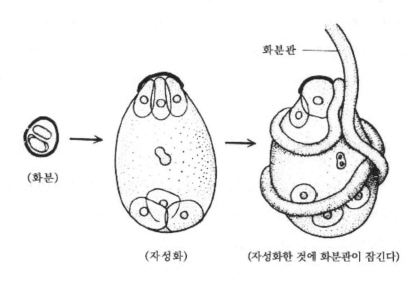

그림 67 | 히아신스 화분의 자성화[수도(順藤), 1930에서]

야산에 자생하는 천남성(天南星)이라는 식물은 수그루와 암그루로 갈라져서 구근으로 번식하는데, 암그루의 구근을 캐내어 몇 토막으로 잘라 다시 흙에 묻어두면, 각각의 구근에서 생기는 천남성은 모두 수그루가 된다. 그러나 수그루를 다시 작게 잘라도 암그루로는 전환하지 않는다. 또, 삼(麻)의 암그루를 겨울에 온실 속에서 빛을 조금 쬐어서 기르면, 다음해에 수꽃이 피게 된다. 앞에서 예로 든 파파야도 성전환의 일종이며, 가지를 잘라 암꽃을 달게 된 파파야는 이윽고 다시 수꽃을 달게 되므로 이것은 일시적인 성전환이다.

웅성 생식기관에서 만들어진 웅성 생식세포가 도중에 자성인 조직으로 분화한 예도 알려져 있다. 예컨대 히아신스의 화분을 배양하는 동안, 그것이 세포분열을 시작하여 배낭(암술의 일부)의 형태를 취하게 되고, 다른 화분에서 나온 화분관이 그것에 감겨붙듯이 벋었다는 기록이 있다(그림 67). 다만 이것은 아직 다른 사람들에 의해 확인된 것은 아니다.

환상의 성결정물질

성을 결정하는 물질이 있다는 생각은 상당히 오래전부터 있었다. 그 대표적인 것이 클라미도모나스(Chlamydomonas)의 메비스와 쿤(1938) 등의 연구이다. 그들은 먼저 다음과 같은 사실을 발견했다.

클라미도모나스를 암실에서 키우면 운동성을 상실하는데, 그것에 빛을 쪼이면 편모가 생겨서 운동성을 지니게 된다. 이 운동성을 지닌 클라

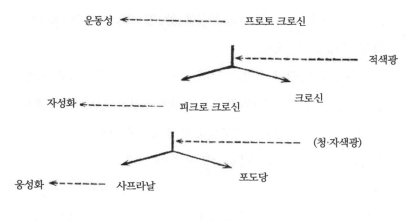

그림 68 | 클라미도모나스의 성결정

미도모나스에는 아직 암수의 성이 보이지 않지만 계속 빛을 쪼여 가면 먼저 자성의 클라미도모나스가 생긴다. 빛을 더 쪼이면 웅성 클라미도모나스가 생긴다. 다음에 자성 클라미도모나스를 사육하던 액에 빛을 조금 쪼여서 그 속에 운동성을 지니게 된 클라미도모나스를 넣으면 클라미도모나스는 빛을 받지 않아도 자성이 된다. 다음에는 먼저와 같은 액에 충분하게 빛을 쪼인 후에 운동성을 지닌 클라미도모나스만 그 속에 넣으면, 클라미도모나스는 웅성이 된다.

이상의 관찰 및 물질의 분석실험 결과를 통해 그들은 **성결정물질**(性決定物質)이 있으며 그것이 다음과 같이 작용함으로써 클라미도모나스의 암수를 결정한다고 결론지었다.

(1) 클라미도모나스는 운동성을 지니게 하는 프로토크로신(Protocrocin)이라는 물질을 갖고 있다.

(2) 프로토크로신에 적색광을 조이면 크로신(Crocin)과 피크로크로신(Picrocrocin)으로 된다. 후자의 피크로크로신은 자성화를 시키는 물질이다.

(3) 피크로크로신은 청색, 보라색 빛에 의해 포도당과 사프라날(Safranal)이 된다. 사프라날은 웅성화를 시키는 물질이다(그림 68).

그들이 추정한 크로신, 피크로크로신, 사프라날 등은 가정의 물질명이 아니라 사프란의 암술 속에 함유되어 있는 실존하는 물질이다. 이 연구는 일약 각광을 받아 세계 각국의 전문서와 교과서에 실리게 되었다.

그러나 그 후 그들의 연구를 추시(追試)해 본 연구자들 중 그 누구도 메비스가 말한 대로의 결과를 얻지 못한 데서 의심을 받게 되었다. 결국, 메비스는 미국으로 초빙되어, 공개 실험을 하게 되었는데 많은 연구자들의 눈앞에서 실험을 한 메비스는 자기가 말한 대로의 결과를 얻지 못했다. 클라미도모나스의 성결정물질은 환상의 물질로서 오늘날에도 아직 많은 생물학자들의 머릿속에 남아 있다.

성염색체

세포가 분열할 때 핵은 **염색체**로 모습을 바꾼다. 염색체의 수는 식물의 종류에 따라서 결정되어 있으며, 각각의 염색체 위에는 식물의 성질을 결정하는 유전자가 배열되어 있다. 따라서 염색체의 수나 형태가 다르면 세포는 다른 성질을 지니게 된다.

암수의 성을 결정하는 역할을 하는 염색체를 **성염색체**(性染色體)라 한다. 성염색체의 연구는 헹킹(Henking, 1891)이 별방귀벌레의 정자가 생기는 과정에서 변형 염색체가 나타나는 것을 발견했을 때 시작되었다. 그후 알렌(Allen, 1917)은 식물인 이끼의 일종에서 성염색체를 발견했다.

보통 생식세포가 만들어 질 때는, 염색체수가 반감하는데 이는 원래 체세포 속에 쌍을 이루는 두 벌의 염색체가 들어 있어서, 그것들이 한 벌씩 분리되어 생식세포로 들어가기 때문이다. 체세포 속에 만약 특별한 염색체 하나가 여분으로 들어가 있다면, 체세포가 두 개의 생식세포로 분리될 때 어느 쪽이든지 한쪽의 생식세포에만 그 여분의 염색체가 들어가고, 다른 한 개의 생식세포에서는 볼 수 없게 된다. 즉, 만들어진 두 개의 생식세포는 특별한 염색체를 가진 것과 갖지 않은 것이 생긴다. 생식세포에 두 종류가 있다면, 수정한 세포에도 두 종류의 것이 생긴다.

성염색체와 자웅성의 발현은 기본적으로는 위와 같지만, 그 내용은 식물의 종류에 따라서 조금씩 다르다.

몇 개의 대표적인 예를 들겠다.

성결정의 형식

식물의 성염색체와 성을 결정하는 방법의 주된 것은 XY형, YXY형,

ZW형의 세 가지이다.

(1) XY형

삼(麻), 호프 등의 식물에 흔히 볼 수 있는 타입으로, 암컷의 체세포에 한 쌍의 성염색체(두 개의 X염색체)가 있고 수컷의 체세포에 X와 Y의 성염색체가 한 개씩 있다. 생식세포를 만들 때 암컷의 생식세포는 전부 X염색체를 하나씩 갖게 되는데, 수컷의 생식세포에는 X를 가진 것과 Y를 가진 것이 생긴다. 더 간단하게 말하면, 암컷의 생식세포는 전부 같지만, 수컷의 생식세포에는 X를 가진 것 이외에 Y라고 하는 특수한 성염색체를 가진 것이 생긴다. Y를 가진 것이 알과 수정하면 수컷이 되고, X를 가진 생

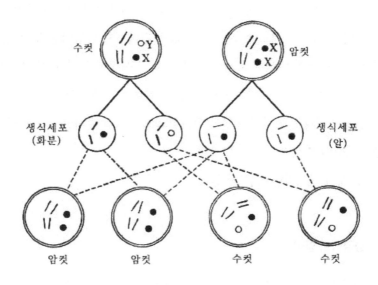

그림 69 | XY형의 성결정

식세포가 수정하면 암컷이 된다.

인간의 경우도 XY형이므로, Y염색체를 가진 정자와 갖지 않는 정자를 분리하는 체와 같은 것이 고안된다면 남녀를 자유로이 구별하여 낳을 수가 있을 것이다. 〈그림 69〉는 그 상태를 나타냈는데 이 그림을 통해 암수가 거의 같은 수로 태어나는 이유도 이해할 수 있을 것이다.

XY형에는 삼(麻), 호프 외에도 포플러, 종려나무, 시금치, 굴거리나무, 층층나무의 일종 등이 있다.

(2) YXY형

수영, 환삼덩굴에서 볼 수 있는 형식이며, 암컷에는 두 개의 X염색체

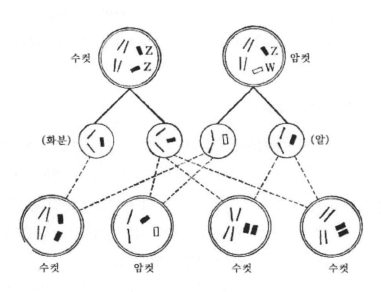

그림 70 | ZW형의 성결정

가 있고, 수컷에는 YXY의 세 개의 성염색체가 있다. 따라서 이 경우도 수컷의 생식세포에는 X를 갖는 것과 YY를 갖는 것의 두 종류가 생긴다. 그 결과, 태어난 암컷의 세포는 XX를, 수컷은 YXY의 성염색체를 가지게 된다.

(3) ZW형

XY형, YXY형은 어느 것이나 수컷의 생식세포 쪽에 성을 결정하는 요인이 있었으나 딸기에서는 암컷의 생식세포에 두 종류가 생겨서 성이 결정된다. 즉, 수컷의 체세포는 ZZ의 성염색체를 가지기 때문에 생식세포는 Z를 하나 갖는 것만 생긴다. 그러나 암컷의 체세포는 Z와 W의 성염색체를 가지므로, Z를 가진 생식세포와 W를 가진 생식세포 두 종류가 생긴다. 따라서 Z를 가진 알이 수정되면 수컷인 자식이 태어나고, W를 가진 알이 수정되면 암컷인 자식이 태어난다. 〈그림 70〉이 그 상태를 보여준다.

성을 결정하는 작업

성의 결정이 성염색체에 의해 이루어진다면 선천적으로 암수가 결정되어 있는 것이 되므로, 도중에서 성이 바뀌거나 수나무가 잘못하여 암꽃을 착생시키는 따위의 일은 일어날 수가 없다. 그러나 실제로는 앞에서 말한 것과 같이 자주 성전환을 볼 수 있다. 성을 결정하는 경우에도 유전 이외에 환경이라는 큰 문제가 관여하는 것을 부정할 수 없다.

원래 세포 속의 화학반응은 염색체 위의 유전자 지령에 따라서 암수 어느 한 방향으로 진행되는 것이지만, 도중에 지령과는 다른 방향으로 진행되거나 일시적으로 지령과는 반대 방향으로 진행되는 일이 있어도 결코 이상한 일은 아니다. 예컨대 산에 올라가라는 명령을 받은 병사는 정상을 향해 나아가지만, 도중에 서기도 하고, 장애물을 만나면 방향을 바꾸기도 한다. 그 이상 올라갈 수가 없을 때는 제멋대로 하산하는 일도 생길 것이다.

이론이나 감정이 아니라 합리적으로 일을 진행시켜 가는 것이 식물세계의 형편이기 때문에, 오히려 성전환도 간단하게 일어나게 되어 있다.

더 구체적으로 설명하면 등산을 할 때 도중에 여러 개의 이정표가 있어 그것을 따라 올라가게 되어 있지만, 생체 내에서는 효소나 호르몬 등의 이정표가 화학반응을 일정한 방향으로 진행시키는 작용을 한다. 그러나 환경의 변화(영양, 온도, 빛 등)에 따라서 이들 이정표가 비뚤어지거나, 쓰러지거나, 아니면 틀린 이정표가 만들어지면, 성질을 결정하는 화학반응이 지금까지와는 다른 방향으로 진행하기 시작한다. 성의 전환도 그것의 하나이다. 물론 확실하고 견고한 이정표가 만들어져 있는 생물에서는 성의 전환이 일어나기 어렵다.

섹스에 전념하다

수마트라의 정글 속에 피는 라플레시아(Rafflesia)꽃은 지름이 1m나 되는 세계 최대의 꽃이다. 라플레시아는 식물임에는 틀림이 없으나 잎도

그림 71 | 라플레시아의 꽃

줄기도 없고, 꽃만 큰 나무의 뿌리에 기생한다. 매우 특수한 식물이다.

사람은 누구나 귀찮은 일은 하고 싶지 않다. 그것은 사람 이외의 동물이나 식물에 있어서도 마찬가지이다. 예를 들면 태양의 에너지를 사용하여 당이나 녹말을 만드는(광합성) 일은 무척 힘든 일이기 때문에 되도록이면 다른 생물에게 맡기는 편이 득이다. 동물이 먹이를 먹고 살아가는 것은 당이나 녹말 등의 유기물을 만드는 일을 식물에게 맡겨 놓기 때문이라고 생각할 수도 있다.

어쨌든 꽃, 즉 생식기관으로 살아가는 라플레시아는 생식 이외의 일은 모두 남에게 맡겨 놓고 있다. 그리하여 섹스에만 전념하는 라플레시아는 관점에 따라서는 "가장 진화한 생물"이라고 할 수 있다.

6장

자기 증식, 기타

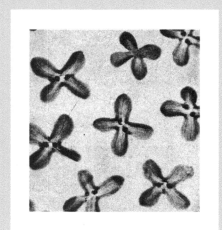

물푸레나무의 꽃

자기 증식

생물의 몸은 수많은 세포가 모여서 이루어져 있지만 이들 세포군은 원래 단 하나의 세포, 즉 수정에 의해 만들어진 수정란(受精卵)이다. 수정란의 세포가 세포분열을 거듭함으로써 수가 불어난 것이다.

세포 속에는 세포질이나 핵이 들어 있지만 세포분열 때 만약 세포가 정말로 둘로 나뉜다면 세포는 분열을 할 때마다 2분의 1, 4분의 1, 8분의 1로 그 내용물을 잃게 될 것이다. 그러나 새로 태어나는 세포는 모두가 원래의 세포와 동일한 내용을 가지고 있다. 따라서 정확하게 말한다면 세포는 분열에 의해 둘로 나누어지는 것이 아니라 둘로 불어나는 것이다.

세포가 자신과 같은 것을 만들며 불어나는 것을 자기 증식(自己增殖)이라 하며 자기 증식을 한다는 것은 생각해 보면 참으로 불가사의한 일이다. 세상에서 세포 외에 이와 같은 능력을 가진 것이 또 있을까?

과학의 정수를 총집결했다고 일컬어지는 우주로켓이나 원자력함은 물론, 근대적인 오토매틱 기계도 기껏해야 주어진 일을 정확하게 수행하는 데 불과하다. 자기 증식을 하는 기계를 만들어 낸다는 것은 금성이나 토성에 로켓을 보내는 것보다도 수백 배나 어려운 일일 것이다.

우리 주위에는 자기 증식을 하는 기계가 없지만 같은 물건을 대량으로 만드는 기계는 있다. 예를 들면 같은 신문을 수십만 장이고 만들 수도 있고, 주형을 사용하여 철이나 플라스틱으로 같은 모양의 장난감이나 기계의 부속품을 많이 만들어낸다. 세포의 자기 증식도 기본적으로는 이 주형을 사용하는 것이라고 생각해도 좋을 것이다. 〈그림 72〉와 같이 세포는

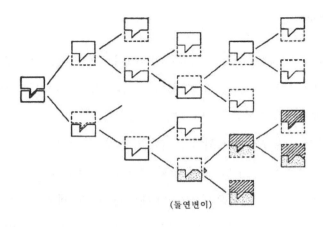

(돌연변이)

그림 72 | 세포의 자기 증식

자신을 주형으로 삼아 계속해서 자기와 같은 것을 만들어 낸다. 도중에 주형 일부가 빠지거나 여분의 것이 붙거나 하면 그다음에 만들어지는 세포는 전에 만들어진 것과는 성질이나 형태가 달라진다. 이것을 **돌연변이** (突然變異)라고 부른다.

유전자

"유전자"라는 말은 오늘날 극히 예사롭게 사용되지만 사용되는 방법에는 다분히 비과학적인 데가 있다. 예를 들면, 「해바라기꽃이 노란색이 되는 것은 노란색으로 만드는 유전자가 있기 때문이다」라든가 「머리카락을 검게 하는 유전자가 갈색으로 만드는 유전자보다 세기 때문에 검은 머리카락의 아이가 많이 태어난다」라는 등 모든 현상이 유전자라는 한마디로 처리되는데, 중요한 것은 유전자가 있기 때문에 그렇게 된다는 것이 아니라 "유전자란 무엇인가?", "유전자가 있으면 왜 그렇게 되는가?"라는 점이다.

핵은 주로 단백질과 DNA(디옥시리보핵산)로 이루어져 있다. 단백질은 생물체의 어디든지 있으나 DNA는 핵이나 염색체 이외에서는 거의 볼 수가 없다. 따라서 DNA는 핵이나 염색체의 주성분이라고 말할 수 있다. 아니 주성분이기는커녕 DNA야말로 실은 그 자체가 유전자이다. 유전자—즉 DNA의 구조에 대해 말하려면 아무래도 왓슨(Watson)과 크리크(F. H. C. Crick)의 DNA 모델에 대하여 언급하지 않으면 안 된다.

왓슨과 크리크의 만남

시카고대학의 학생시절에 유전현상에 흥미를 가졌던 왓슨은 물리나 화학을 싫어하는 편이었다. 따라서 졸업을 하고나서도 화학을 사용하지 않고 유전자를 연구하는 방법이 없을까 하고 생각하고 있었다.

어쨌든 유전자를 연구하기 위해 인디아나대학의 대학원에 진학했으나 선생이고 선배고 간에 유전자를 배우기 위해서는 생화학 지식이 필요하다고 그에게 설명했다. 그런데 당시 왓슨의 화학 지식은 "벤젠의 온도를 높일 때 버너에 불을 켜서 데우려고 했을 정도였다"라고 그 자신의 저서에서 밝히고 있다. 이윽고 왓슨은 영국의 케임브리지대학에서 연구생활을 하게 되었는데 그곳에서 물리학자인 크리크와 만나게 되었다.

크리크는 런던대학에서 물리학을 전공했으나 제2차 세계대전 때 해군의 군속이 되어 기뢰의 제조와 수리에 종사하는 동안 자신이 물리학의 연구에서 멀어졌다는 사실을 알고 생물학으로 전향했다. 그러나 개구리를 해부하거나 식물 이름을 외워야 하는 생물학에는 큰 흥미를 가질 수가 없었다. 그때 그의 가까이에 미국에서 온 유전자를 연구하는 젊은 연구자 왓슨이 나타났던 것이다.

물리학이나 화학에는 자신이 없었지만 유전현상의 지식을 몸에 익힌 왓슨과 생물에 대한 지식은 얕았으나 X선 해석의 기술을 익힌 크리크는 서로 뜻을 합쳐서 이윽고 하루의 태반을 DNA에 대해 논의하고, 실험하고, 그 구조를 밝히는 데 보내게 되었다.

이리하여 세기의 발견이라 일컬어지는 DNA의 모델이 만들어지고 더불어 노벨상을 받게 되었는데, 발견 당시 왓슨은 26세, 크리크는 아직 학위조차 받지 않았던 때였다.

DNA의 구조

DNA는 아데닌(Adenine, A), 구아닌(Guanine, G), 시토신(Cytosine, C), 티민(Thymine, T)인 4개의 당과 인산으로 구성되고 나선계단 모양을 이루고 있다(그림 73). DNA가 이 A.G.C.T로 된 계단 모양인 것은 위로는 인간의 세포에서부터 아래로는 바이러스에 이르기까지 모든 세포의 공통점이

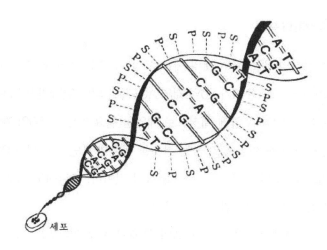

그림 73 | DNA의 구조 (A; 아데닌, T; 티민, C; 시토신, G; 구아닌, S; 당, P; 인산)

다. 다른 점이라면 생물의 종류에 따라 A.G.C.T의 배열방법이 결정되어 있다는 것과 계단의 수가 고등생물일수록 많다는 점이다.

예를 들면 그림에서 GCTC로 배열된 곳이 GCTG가 되거나 GCCT가 되거나 하는 것만으로 DNA의 성질이 달라진다. 같은 「수」와 「박」의 두 문자를 사용한 말이라도 「수박」과 「박수」는 전혀 다른 것과 같다.

DNA를 만드는 A.G.C.T의 총수는 가장 간단한 생물이라고 하는 바이러스에서도 20만 개, 인간의 세포에 들어 있는 DNA에 이르러서는 50억 개의 A.G.C.T가 사용된다.

유전자의 복제

수정란의 세포가 두 개의 세포로 될 때 우선 유전자, 즉 DNA를 둘로 불려야 하는데, DNA가 50억 개의 AGCT로 되어 있다면 먼저 이 50억 개의 AGCT를 DNA 옆에 대칭으로 배열할 필요가 있다. 50억 개의 AGCT를 우리가 손을 써서 옮겨 놓는 경우를 생각해 보면, 하루에 1,000자씩 옮겨 써도 1000년 이상의 긴 세월을 요할 것이다. 그런데도 세포는 극히 짧은 시간 안에 이 대사업을 해 치운다.

이것만 생각하더라도 DNA의 복제에는 주형(거푸집) 또는 복사기로 서류나 사진을 복제하는 것과 같은 방법이 사용된다고밖에는 생각할 수 없다.

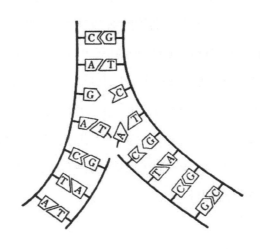

그림 74 | DNA의 복제방법

세포가 분열할 때는 먼저 DNA의 나선계단이 중앙으로부터 세로로 잘려져 나간다. 지퍼가 끝에서부터 차례로 풀려 나간다고 생각해도 된다. 그림에서 DNA의 계단의 구성을 주의하여 관찰하면 A와 T, C와 G의 결합 이외의 결합방법은 보이지 않는다. 즉 아데닌은 티민과는 결합하지만 시토신이나 구아닌과는 결합하지 않는다. DNA의 계단이 세로로 분리되었을 때, 즉 지퍼 한쪽의 A.G.C.T의 연결부는 세포 속으로부터 A는 T를, C는 G를, G는 C를, T는 A를 찾아서 결합한다. 그 결과 먼저와 똑같은 구조의 두 개의 DNA가 태어난다(그림 74).

DNA는 이와 같은 방법으로 계속 불어나기 때문에 세포가 세포분열을 몇 번 하더라도 만들어지는 세포는 모두 같은 DNA, 즉 유전자를 가지게 된다. 이렇게 유전자가 세포에서 세포로, 양친에서 자손으로 승계되기 때문에 그 성질도 차례차례로 전달된다.

드디어 유전자와 형질의 발현 관계를 설명할 때가 왔다.

해안의 모래와 하늘의 별

세포 안에 들어 있는 원형질의 주성분은 단백질이고 세포 안에서 화학 반응을 촉진하는 작용을 하는 효소 또한 단백질(蛋白質)이 주성분이다. 따라서 세포가 어떤 형태나 성질을 갖는가는 어떤 종류의 단백질이 생성되느냐에 지배된다. 즉 유전자가 어떤 종류의 단백질을 만들 것인가를 지시하는 지령에 의해 형질이 결정된다.

단백질이라는 물질은 수많은 아미노산이 연결된 것으로 단백질을 구성하는 아미노산에는 20종류나 있다. 단백질의 종류는 이들 아미노산을 어떤 순서로 배열하여 연결시키느냐로 결정된다.

가령 20종류의 아미노산을 연결하여 100개의 아미노산으로 이루어지는 단백질을 만들 경우를 생각해 보자. ABCDEF…의 단백질은 BACDEF와도 AACDEF와도 다르다고 하면 20의 100제곱만큼의 다른 종류의 단백질이 생긴다. 20의 2제곱은 400, 3제곱은 8,000, 4제곱은 16만이므로 100제곱이라고 하면 셀 수 없이 많은 수가 된다.

그런데 생물체를 만드는 단백질은 가장 간단한 단백질의 하나인 인슐린조차도 51개, 인간의 혈액 속에 있는 헤모글로빈의 단백질은 571개의 아미노산이 모여서 되어 있다. 따라서 헤모글로빈의 단백질에는 20의 571제곱의 종류가 태어날 가능성이 있다. 만약 그 수를 계산하려는 사람이 있다면 너무 한가하거나, 해안에 가면 모래알을 세고, 산에 가면 하늘의 별을 세는 등의 특수한 성격의 소유자일 것이다.

어쨌든 무한에 가까운 종류의 단백질 속에서 어느 단백질을 만들 것인가를 지령하는 것이 DNA의 역할이다.

세포의 언어

핵 속의 DNA는 세포질을 향해 어떤 단백질을 만들 것인가를 지시하는 지령을 내리고 있다. 따라서 이 지령은 세포의 언어에 해당한다. 좀 더

그림 75 | 리보솜의 작업원이 m-RNA의 지령을 보고 단백질을 조립한다

구체적으로 말하면 DNA는 자기 몸을 주형으로 하여 만든 언어를 메신 저-RNA(m-RNA)라는 물질에 전달하고 이것을 세포질 속으로 내보내고 있다. 이 m-RNA는 DNA의 T(티민)가 붙은 곳에 U(Uracil)가 결합되어 있 는데, m-RNA를 만드는 A.G.C.U의 배열이 단백질을 만들기 위한 아미 노산의 배열순서를 가리킨다.

　DNA로부터의 m-RNA의 지령을 받아 단백질을 조립하는 것은 리보 솜(Ribosome)이라 불리는 작업원이고, s-RNA가 아미노산을 운반해 온 다. 1950년 이래 과학자들은 이 m-RNA의 지령을 해독하는 노력을 계속 해 왔다. 그것은 마치 고대 문자를 아무 참고서도 없이 처음으로 해독하 려는 일 이상으로 어려운 작업이었다.

먼저 m-RNA의 배열을 어디서 끊어서 읽어야 할 것인가를 알 필요가 있었다. 예를 들면 "아버지가방에들어가신다"라고 쓰여 있으면 알기 어렵지만 "아버지가 방에 들어가신다"라고 끊어 읽으면 뜻을 알기 쉽다. 이윽고 m-RNA의 AUUACAUGGCGGAUUACCA…는 AUU, ACA, UGG, CGG, AUU, ACC…로 세 문자씩 잘라서 읽어야 한다는 것을 알았다. DNA는 이 세 문자로 아미노산의 종류를 지시하는 것이다.

예를 들면 앞에서와 같이 AUUACAU…로 배열되어 있을 때는 이소로이신—트레오닌—트리프토판—아르기닌의 순으로 아미노산을 연결하여 단백질을 만들라는 것을 지시한다.

GCG, CGC, ACA, GUA, GAA…로 배열된 것은 알라닌—아르기닌—트레오닌—발린—글루탐산…의 순으로 아미노산을 연결하도록 지령하고 있다. 따라서 m-RNA의 AGCU의 배열은 세포의 언어이다(그림 75).

이 세포의 언어는 아직 완전히 해독된 것은 아니지만, 핵 속의 DNA는 세포질의 리보솜(단백질의 합성공장에 해당한다)을 향해서 m-RNA의 지령을 내리고, 어떤 종류의 단백질을 만들 것인가를 지시하는 것이 틀림없다. 단백질의 종류가 결정되면 효소의 종류도 결정되므로 따라서 화학반응의 종류도 결정된다. 이것은 곧 세포의 생활양식을 결정하고 형질의 발현 방향을 결정하게 된다. 이리하여 세포는 DNA(유전자)의 지령대로 활동하여 줄기와 뿌리를 만들고 자손을 남기는 작업을 하는 것이다.

단위생식

지금까지의 이야기로 성과 생식의 주된 문제는 거의 다 언급한 것으로 생각되는데 그 외의 것들 중에서 반드시 언급해야 할 것으로 단위생식(單爲生殖), 배수체(倍數體) 등의 이야기가 있다.

생식기관은 이름 그대로 생식을 하기 위한 기관이지만 모처럼 생식을

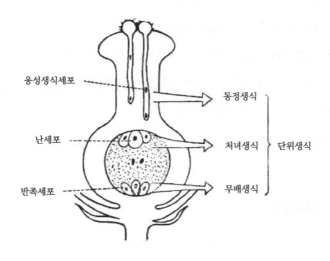

그림 76 | 단위생식의 종류

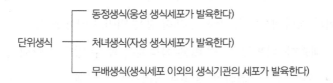

하기 위해 만들어진 생식기관의 일부가 수정하지도 않고 세포분열을 해서 발육하기 시작하는 경우가 있다. 이것을 단위생식이라 부르는데 단위생식은 발육하는 부위에 따라서 동정생식(童貞生殖), 처녀생식(處女生殖), 무배생식(無配生殖)의 세 가지로 대별한다(그림 76).

동정생식은 웅성 생식세포가 알과 수정하는 일 없이 독자적으로 발육을 시작하는 것으로 그 예는 비교적 적다. 예를 들면 모자반의 일종인 식물에서 핵을 제거한 난세포에 정충을 넣었더니 그 속에서 발육이 시작되었다는 예를 볼 수 있었는데 이것은 앞에서 말한 개구리 알의 핵을 교환했을 경우와 동일한 것으로 웅성 생식세포만이 발육한 것이라고는 말할 수 없다. 그것보다는 싱싱한 젊은 화분을 꽃밥과 함께 배양하는 약배양(葯培養; 성과 생식의 항목 참조)은 동정생식의 전형적인 것이다. 다만 완숙한 화분에서 식물체가 만들어졌다는 예는 아직 알려진 바 없다.

처녀생식

자성 생식세포의 알은 수정을 한 다음에 분열을 시작하는 것이 보통이지만 수정 전에 분열하여 한 몫의 완전한 식물로 자라 버리는 일도 드물지 않다. 이 처녀생식은 가장 흔하게 볼 수 있는 단위생식이기 때문에 단위생식과 처녀생식의 두 가지는 흔히 같은 의미로 사용된다.

벼, 채송화, 나팔꽃 등 꽤 많은 식물에서 볼 수 있으며 난세포는 보통, 몸의 염색체 수의 반수이기 때문에 처녀생식에 의해 만들어진 식물은 모체의 반수의 염색체를 갖게 된다. 그러나 식물에 따라서는 미리 난세포를 만들 때 감수분열(減數分裂)을 생략하여 모체와 같은 염색체 수의 난세포를 만들어 두었다가 그것을 처녀생식에 의해 발육시키는 경우가 있다. 이 경우에는 모체와 자식은 같은 염색체 수를 갖게 된다. 전자를 단상 처녀생식(單相處女生殖), 후자를 복상 처녀생식(複相處女生殖)이라 부른다.

처녀생식은 동물계에서도 꽤 널리 알려진 현상이다. 그 예로 꿀벌의 수컷(일벌이 아님)은 모두 단상 처녀생식에 의해 태어나기 때문에 수벌의 염색체 수는 모체의 반이지만 도중에 염색체를 배가시켜서 어미와 같아진다. 진딧물도 단위생식을 하여 암컷과 수컷을 만들고 수정하여 알로서 월동한다. 누에, 섬게, 개구리의 어떤 종은 약품처리에 의해 처녀생식을 하는 것으로 알려져 있는데 이런 경우를 특히 **인공 처녀생식**(人工處女生殖)이라 부른다.

그리스도의 탄생

그리스도는 성모 마리아로부터 태어났지만 생물학적으로는 처녀생식에 의해 태어났다고밖에는 생각할 방법이 없다. 사실 생물계에 처녀생식의 현상이 알려졌을 때 로마의 몇 대째인가 하는 법왕은 「이로써 그리스도의 탄생이 과학적으로 입증되었다」라고 기뻐했다는 이야기가 있다.

다만 처녀생식이었다지만 단상 처녀생식이었는지 복상 처녀생식이었는지는 그리스도의 염색체 수가 46이었는지 23이었는지를 확인해야 하

그림 77 | 그리스도의 염색체는?

기 때문에 지금에 와서는 확인할 길이 없다.

또 무배생식은 생식기관의 일부가 발육하는 것으로 부추, 톱풀 등에서 배낭 속의 반족세포(反足細胞)나 조세포(助細胞)가 분열을 시작했다는 예가 알려져 있지만 하나의 완전한 식물체로까지는 자라지 못했다. 약배양에 실패하여 화분이 아닌 약벽(約約)의 세포가 분열하여 식물체로 자라는 일이 있는데 이것이야말로 무배생식(웅성 무배생식)의 예로 생각해도 좋을 것이다.

씨 없는 과실

씨 없는 과실이 달리는 것을 **단위결실**(單爲結實)이라고 하며 근본 종자가 생기는 것과 과실이 자라는 것 사이에는 직접적인 관계가 있다. 그것은 식물은 종자가 생기면 그것을 널리 퍼뜨리기 위하여 과실을 만들고 이것을 동물에게 먹게 한다. 동물은 과육을 먹고 종자를 버림으로써 그것이 후손의 번식에 도움이 된다. 그러므로 식물에게 씨 없는 과실 따위는 아무 뜻도 없다. 따라서 자연계에 있어서는 보통 단위결실이 되기 어렵다.

예를 들어 감, 사과 등을 잘라보면 종자가 들어 있지 않은 과육 부분은 종자 주위보다 성숙이 늦다. 종자에서 과실을 성숙시키는 호르몬이 분비되기 때문이다.

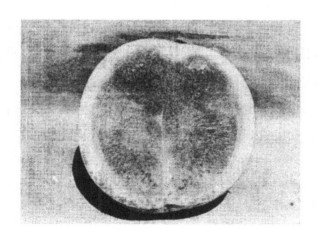

그림 78 | 씨 없는 수박

    품종개량에 의해 씨 없는 과실을 만들게 된 것에는 네이블, 온주(溫州)밀감, 그레이프프루트, 부유(富有)감 등의 예가 있으나 인위적인 자극을 주면 비교적 간단하게 씨 없는 과실을 만드는 것도 있다. 포도의 인공 단위결실이 그 대표적인 예이다. 최근에 시판되는 포도에는 씨가 없는 것이 있는데 이것은 네이블이나 밀감의 경우와는 달리 지베렐린(Gibberellin, 성장호르몬의 일종) 액에 포도송이를 담금으로써 인공적으로 씨 없는 과실을 만든 것이다.

    씨 없는 과실을 만드는 또 하나의 방법은 수정력이 없는 화분을 암술에 발라서 과실의 발육을 자극하는 것이다. 가지에 페튜니아의 화분을 발라서 씨 없는 가지를 만들거나 오이에 호박이나 참외의 화분을 발라서 종자가 없이 과실만 살찌게 할 수가 있다.

    유명한 씨 없는 수박의 경우 먼저 콜히친(Colchicine, 염색체 배가제)으로 4배체(倍體)의 수박을 만들고 그 꽃의 암술에 보통의 2배체의 수박의 화분을 수분시켜 3배체의 종자를 만든다. 3배체 식물은 종자를 만들지 않기 때문에 그것을 길러서 씨 없는 수박을 만든다.

    어쨌든 씨 없는 과실을 만든다는 것은 식물의 입장에서 생각하면 참으로 괴롭기 그지없는 일이다.

비멘델식 육종

멘델(G. J. Mendell)이라고 하면 누구나 편친의 형질이 3 : 1의 비율로 자손에게 나타난다고 하는 멘델의 법칙을 생각하지만 비(非)멘델식 육종이라는 것은 멘델의 법칙을 부정한다는 뜻이 아니라 교배를 시키지 않고서 염색체 수를 증감시키는 방법에 의해 다른 성질의 식물을 만들어 내는 것이다.

식물 이름	염색체수	
산국화	9	
쑥갓	9	
섬감국	18	(9×2)
과꽃	36	(9×4)
갯국화	45	(9×5)
일립소맥(야생)	7	
이립소맥(야생)	14	(7×2)
재배소맥	21	(7×3)
매화	16	
버찌	16	
버찌	32	(16×2)
산배	48	(16×3)

1937년에 미국의 블레이크슬리(A. F. Blakes'lee)는 세포의 염색체 수를 배가하는 작용을 하는 콜히친을 발견했다. 세포가 분열하여 두 개의 세포가 될 때 먼저 염색체를 배수로 한 뒤에 두 개로 갈라지는 것이 보통인데 생장점 등의 세포가 분열할 때 콜히친을 주면 염색체는 배수가 되어도 세

포가 둘로 분열되지 않는다.

하나의 세포에 2배수의 염색체가 들어 있으므로 이것을 기르면 어버이의 염색체의 배수의 염색체를 가진 식물이 만들어진다. 이것을 **배수체**(倍數體)라고 한다(염색체가 2n의 2배체 식물의 배수체를 만들면 4배체가 된다). 배수체는 원래의 식물에 비해 형태가 크고 생육이 빠르며 비타민 등의 함량이 높고, 고온이나 저온에 대한 저항성이 강하다는 등의 특징을 가졌기 때문에 작물이나 화초류의 품종개량에는 흔히 이 방법이 사용된다.

이 비멘델식 육종법은 이미 과거부터 자연적으로 이루어지던 것으로 생각된다. 예를 들면 여러 가지 식물을 염색체 수로 정리해 보면 표와 같은 것을 알 수 있다.

물론 염색체 수가 같아도 유전자가 다르면 다른 종류의 식물이 되기 때문에 매화의 3배체를 만들어도 산배가 되지는 않는다. 그러나 이와 같이 근연의 식물이 배수관계에 있다는 것은 오래전부터 자연적으로 여러 가지 식물에서 배수체가 만들어졌다는 것을 암시하고 있다.

크세니아

"식물체가 다른 식물의 화분에 의해 형태나 색깔에 변화를 가져왔을 때 이것을 **크세니아**(Xenia)라고 부른다."는 것을 제안한 것은 포크(W. O. Focke, 1881)이다. 수분한 화분의 영향이 수정란 이외의 모체에 나타날지도 모른다는 것은 혈통서가 붙은 개나 고양이에서 걱정하는 것과 같은 일이지만 감각적으로는 어찌 되었건 이론적으로는 생각하기 어렵다.

다만 옥수수에서는 종자의 배유(胚乳)의 색깔이 겉으로 보이며 황색 배유의 옥수수에 자색 배유의 옥수수화분을 수정시키면 생겨나는 옥수수의 배유는 모두 자색이다.

배유는 식물이 되는 배(胚; 씨눈)의 영양이 될 뿐이며 새로이 태어나는 식물체의 세포와는 관계가 없기 때문에 수정란 이외의 곳에 화분의 영향이 나타난다는 점에서 크세니아에 준하는 현상이다. 그래서 스윙글(W. T. Swingle, 1928)은 이것을 **메타크세니아**(Metaxenia)라고 불렀다.

그러나 이와 같은 특수한 경우 이외에는 수정한 화분이 식물체에 영향을 주는 것(자극작용이나 호르몬의 영향은 별도)은 사실을 증명하는 실험결과가 없다는 이유로 오늘날 부정적으로 생각되고 있다.

플라타너스 잎과 워싱턴 대학

이하는 필자의 연구실에 모여드는 사람들 사이에서 주고받은 대화이다.

「에테르니 클로로포름이라는 것은 세포의 지방질 추출제 아냐? 그 속에서 세포가 어떻게 아무렇지도 않게 있을 수 있을까?」

「화분 속에도 수분이 있지 않겠어요? 에테르에 담갔을 때 그 물은 어떻게 되는 겁니까?」

「화분은 꽃밥에서 나올 때는 상당한 탈수상태에 있지만, 수분이 꽤나 함유되어 있다. 그 물이 어떻게 되는지는 잘 모르겠지만, 예를 들면 최근에 화학분야에서 문제가 되는 폴리워터(Polywater, 역자주 : −40도까지 얼지 않고 500도까지 액체 그대로 증발하지 않는 물)와 같은 형태를 취한다면 원형질 단백과 에테르는 인접하여 존재한다…는 것일 뿐 서로 영향을 끼치지 않는 것이 아닌가요?」

「폴리워터란 가느다란 유리관 속에 생긴다는 점도(粘度)가 높은 물을 말

그림 79 | 유기용매에 담가둔 알에서 부화한 브라인슈림프

하는 거지? 원형질 외 틈새에 폴리워터가 생긴다… 그 말인가? 그러나
오래 전부터 폴리워터란 것은 물로만 된 것이 아니라 불순물이 들어 있
는 가짜라고 말하는 사람이 많아진 것 같아요.」

　프롤로그에서 말했듯이 필자는 전에 에테르나 클로로포름 등의 액체
속에서 화분의 생명이 유지된다는 기이한 현상을 발견했다.
　그 후 여러 사람들이 연구실을 드나들며 이 문제에 대하여 의견을 말
하고 갔다.

「이 경우는 폴리워터가 순수한 물이 아니라도 좋은 셈이야. 요컨대 물이 어떤 특별한 형태로 변하여 생리작용에 관여할 수 없는 상태로 되어 버리면 화분은 수분을 잃은 것이 되거든.」

「세포가 수분을 잃으면 에테르 속에서도 살아갈 수 있는 겁니까?」

「아니, 물이 없는 세포는 살지 못해요. 에테르 속의 화분은 이미 생명체라고는 말할 수 없을 거야. 그러나 그 화분에서 에테르를 날려 보내고 물을 흡수시키면 다시 생명체로 되돌아오거든.」

「화분에서만 볼 수 있는 특수한 성질일까요? 화분은 몇만 년 전의 흙 속에서도 나온다고 하지 않습니까……」

「그런 일은 없어요. 종자에서고 동물에서고 마찬가지 일이 관찰되고 있어. 예를 들면 열대어의 먹이가 되는 브라인슈림프(Brine shrimp)의 알을 에테르, 클로로포름, 크실렌, 피리딘 등에 담가보았지만 아무렇지도 않았어. 세포의 공통적인 성질일 거야. 만약 원형질에 다치지 않고서 세포로부터 수분을 제거할 수 있다면 동물이건 식물이건 모든 세포는 에테르 속에서 생명을 보존할 수 있다고 생각해.」

「생명을 중단시켜 보존한다는 것이 수명을 분단한다는 것이 되면 인간에게도 적용할 수 있을까? 수명을 전반과 후반으로 나누어 도중에서 한숨 쉰다는 식으로…」

「수명의 분단이란 말인가? 생활에 지치면 에테르 속에 들어간다? 몇십 년 후에 다시 살아나서 나머지 인생을 보낸다. 재미있지 않은가?」

그림 80 | 다시 소생시키기에는 아직 이르다

「그러나 그것이 인간의 행복과 결부될 수 있을까? 모든 사람이 저마다 마음대로 죽었다, 살아났다 한다면 온통 세상이 뒤죽박죽이 될 것이야.」

「아니 생각하기에 따라서는 인류의 장래를 구하는 길이 될 것도 같아. 인구가 지금의 두 배로 늘어나면 석유나 석탄 같은 에너지도, 식량의 칼로리 면에서도 지구는 인류를 감당할 수 없게 되거든. 더구나 인류는 그 한계를 향해 해마다 확실히 늘어나고 있어. 이대로 간다면 파멸밖에 없을 거야. 어쩌면 10년쯤 후에는 사경을 헤매는 환자를 살리는 것조차 선이 아니라 악이라고 생각할지 몰라. 그때 에테르 속에서 생명을 보존할 수 있다면 인구조절이 가능할 거야.」

「아직 조금 이르니까 앞으로 20년쯤 에테르 속에서 죽어 있어 달라…는 건가?」

이렇게 때로는 이야기가 지나치게 탈선하는 경우도 있지만 곧 이야기는 세포의 기본적인 문제로 되돌아온다.

「그런데 유기용매에서는 아무것도 나오지 않는 것인가? 즉 에테르에서 꺼낸 세포는 먼저 것과 같은 것인가?」

「같지는 않을 거야. 실제로 화분을 담근 에테르는 노란색으로 변했고 에테르 속에는 여러 가지 물질들이 녹아 있어. 다만 화분은 핵분열도 하고 수정도 해. 종자를 만드는 능력도 있고 하니까 크게 다른 점은 없는 듯해.」

「그러나 에테르에 담갔던 화분은 신선한 화분보다도 잘 자란다는 이야기였잖아.」

「그래. 산다화 화분은 3배나 긴 화분관을 뻗었어. 다만 이 경우 생장 억제물질이 에테르에 녹아나오기 때문이니까 자극이라든가 촉진과는 좀 의미가 다르지만 말이야.」

「억제물질분이고 촉진물질은 안 나옵니까?」

「촉진물질도 나오기는 하지만 전부 나오는 것은 아닌 모양이야. "세포는 살기 위한 최소의 단위이다"라고 하지만 세포가 지니는 모든 것이 살기 위해서 꼭 필요하다는 것은 아니야. 사는데 편리하니까 가진다…는 것도 있을 거야. 예를 들면 사람도 "살아가기" 위해서만이라면 알몸이여도 돼. 더욱 쾌적하게 살아가기 위해서 내의니 양복이니 외투 따위를 입고 있는 것이지. 세포도 필수적인 것 이외의 여러 가지를 몸에 지니고 있어서 그들 물질이 에테르 속에서 녹기 때문에 에테르에 담근 화분은 담그지 않은 화분과는 다른 거야. 그러나 그 화분은 살아갈 수는 있다…는 것이겠지. 요컨대 에테르에 담그면 화분이 화학적으로 알몸이 되어 버리는 거야.」

「화학적으로 알몸의 세포가 된다… 알몸이 되어도 생식능력은 있다. 산다화의 경우는 알몸의 화분이 생식능력이 높아지는 셈이군.」

「알몸이 말이지. 과연」

괴상한 일에 감탄도 하고 질문을 나누는 사이에 문제를 파악하는 방법이나 연구방향이 자연스럽게 뚜렷해진다. 때로는 생물 관계 이외의 사람의 이야기에서 엉뚱하게도 훌륭한 아이디어가 나온다.

「식물은 근친결혼의 해를 생리적으로 피하고 있다는데 암술이 자기의 화분과 이웃 화분을 구별하는 셈이군요. 양복을 보고 구별하는 것일까요?」

「같은 종류의 화분의 세포에 그리 기본적인 차이가 있다고는 생각되지 않으므로 알몸이 아닌 양복 쪽을…. 그래, 암술이 만약 양복을 보고 자기와 남을 구별한다면 에테르에 담가서 알몸이 된 화분을 수분한다면 종자가 생길지도 모르겠군요.」

「재미있는 말이군. 화분을 알몸으로 하면 구별이 안 되어 암술이 갈피를 못 잡는 셈이군요. 자가 불화합성의 소거(消去)는 현대생물학에 있어서의 큰 과제의 하나니까 그것으로 성공한다면… 너무 싱거운 해결이군.」

「허, 그렇게 이야기한 대로야 안 되겠지만 가치 있는 아이디어야. 그래도 자가불화합성이 남는다면 에테르에 녹는 물질과는 관계가 없다는 것을 알 수 있을 거야.」

「그렇군.」

「그런데 아까 한 생명체에 관한 얘기인데, 정말로 한 번 죽은 것이 되살아날 수 있을까?」

「세포로부터 조금씩 물을 제거해 가거든. 물이 없어져서 완전히 화학적인 움직임이 멎은 것은 이미 생물이 아니야. 생물이 아닌 것은 무생물이야.」

「물리학을 하는 사람이 여러 가지 물질을 조합해서 생명체를 만들어낼 때 마지막으로 남는 문제는 "어디에다 어떻게 물을 첨가할 것인가?"… 라는 얘기를 들은 적이 있어.」

「그 때문일까? 최초의 논문이 나왔을 때 전 세계에서 엽서가 무더기로 날아왔어. 그중의 80%는 미국에서 왔는데, 개중에는 의학이나 물리학 연구소, 제트 시험연구소 등 식물이나 농학과는 관계가 없는 곳에서도 조회가 왔기 때문에 실은 이상하게 생각했었지.」

「생명체에서 수분을 제거하여 물질의 덩어리로 만든다. 그것에다 물을 흡수시키면 생명체가 된다. 관계가 있지.」

「적어도 그들이 힌트를 얻는 데는 도움이 될 거야. 생명의 인공합성이란 말인가? 이건 문제가 크군. 그러나 "한 번 해볼까"라고 하기에는 우리 생물학자는 물리학의 지식이 너무도 부족해.」

「물리학을 처음부터 다시 공부하는 방법도 있잖아. 그러기 위해서는 몇 년 동안 생물학에서 손을 놓아도 되잖아?」

「잠깐, 생물학 중에도 아직 할 일이 많아. 유기용매를 사용하는 화분의 저장방법, 수분을 시켜서 종자를 만들게 할 때의 자손에게 미치는 영향, 수명의 분단 등. 제2탄, 제3탄을 미국 사람에게 빼앗기는 것은 울화가 터지니까.」

이런 까닭으로 필자에게 1972년은 긴장과 즐거움이 연속된 1년이었다. 이 『식물의 섹스』는 이런 상황 속에서 쓰인 것이다. 문장 가운데 군데 군데 나무에 대나무를 이어 붙인 것 같은 부분이 있는 것은 원고를 쓰던 중 머리가 "에테르 속의 생명"으로 옮겨가 버렸기 때문이다. 용서를 바란다.

식물의 성에 관한 이야기를 통해 생물학의 재미를 말하려고 쓰기 시작 한 이 책이 끝에 와서 「생물학을 버리더라도…」라는 따위의 말이 튀어나온 것은 필자로서는 진정 본의가 아니지만 현명한 독자 여러분께서는 이 이 야기 중에서 "교과서를 암기하는 것만이 생물학의 공부가 아니다"라는 필 자의 참뜻을 충분히 헤아려 주셨을 것으로 믿는다.

역자 후기

식물의 성(Sex)에 대한 인류의 관심이 지구상의 유용한 식물의 개발을 가능하게 했으며 앞으로도 계속 식물의 성의 이해를 통해 인류에게 더욱 효용성이 큰 새로운 식물이 육성될 것이며 풍요한 식물자원이 확보될 것이다.

원저자는 식물의 생식에서부터 화분의 생리, 식물의 인공수분, 성전환에 이르기까지 광범위하게 쉬운 표현으로 독자의 흥미를 유발하고 이해를 돕는 데 노력했다. 농학도는 물론, 자연과학에 관심이 있는 이들에게는 누구에게나 도움이 될 것이며 강의를 보충하는 도서로도 좋은 책이라 생각하여 역자는 이 책을 선정, 원저자의 승낙을 얻어 번역했다. 원저자의 의도를 어느 정도 정확하게 전달할 수 있을지 두려운 마음이 앞선다. 이 책을 읽는 이들의 많은 조언을 기대한다.

이 책이 출판되기까지 많은 조력을 아끼지 않은 류근창, 신영범 박사와 전파과학사 손영수 사장님께 감사한다.

도서목록
- 현대과학신서 -

도서목록
- BLUE BACKS -